BIG QUESTIONS

Physique

Michael Brooks

DIRECTEUR DE COLLECTION
Simon Blackburn

Éditions SW Télémaque

SOMMAIRE

INTRODUCTION

Toute l'élégance de la physique se résume à une seule vérité élémentaire : un enfant peut poser des questions auxquelles aucun professeur ne sait répondre. En fait, tenter de résoudre les « grandes questions » de la physique s'apparente beaucoup à rechercher une aiguille dans une botte de foin. En physique, aucune question n'est anodine, et une recherche ou une expérience apparemment insignifiantes peuvent souvent mener à de profondes perspectives.

Par exemple, entre se demander si les lois de la physique peuvent être modifiées ou violées et méditer sur la place que pourrait avoir un créateur, il n'y a qu'un pas. Mais ce n'est pas tout ! La physique nous enseigne qu'un créateur n'est pas nécessairement divin : il se pourrait que nous vivions emboîtés dans un nombre infini d'Univers, chacun d'eux étant élaboré par une civilisation légèrement plus intelligente que sa création la plus évoluée. Nous-mêmes pourrions être destinés à devenir les créateurs d'un Univers.

Avec de telles énigmes à portée de main, il n'est pas surprenant que les scientifiques les plus illustres de notre génération se soient engagés dans la physique. Le génie d'Albert Einstein émergea de l'obscurité lorsque sa théorie de la relativité bouleversa notre conception de l'Univers. La série télévisée *Cosmos* de Carl Sagan demeure l'émission de vulgarisation scientifique la plus regardée. Les critiques lapidaires du physicien Richard Feynman sur la catastrophe de la navette américaine *Challenger* révélèrent toute la puissance de la physique sous-jacente. L'œuvre de Stephen Hawking, exposée dans son best-seller *Une brève histoire du temps*, suscita un véritable engouement chez des individus n'ayant jamais accordé la moindre attention aux sciences. Seuls les découvreurs de l'ADN, peut-être, se tiennent aux côtés de ces géants.

Malgré tout, beaucoup tendent aussi à garder leurs distances vis-à-vis de la physique. Si je mentionne dans une conversation informelle que je suis physicien de formation, mon annonce est perçue avec un curieux mélange d'admiration et d'embarras. Bien que cette discipline suscite souvent un effroi admiratif, nombreux sont ceux qui semblent également la considérer comme totalement inaccessible. « Oh ! disent-ils, je n'ai jamais rien compris à la physique. »

Si vous vous reconnaissez dans cette déclaration, alors j'espère que ce livre changera votre point de vue. Le secret le mieux gardé de la physique est peut-être qu'elle contient beaucoup trop de choses à appréhender pour une seule personne. Mais ce n'est pas rebutant pour autant : c'est l'essence même de son charme.

La physique possède tant à explorer qu'une fois qu'elle a captivé l'imagination, il est difficile de s'en détacher. L'horloge accrochée au mur devient source de méditations sur la nature insaisissable du temps. La lumière du Soleil est la résultante d'un ballet raffiné de particules issues de la fusion nucléaire. Lorsqu'une goutte de pluie tombe sur le sol, vous pouvez vous demander simplement « pourquoi ? ». L'exploration de la réponse occupera votre esprit durant l'orage le plus long. La façon dont grandit un tournesol a trait à la conservation de l'énergie et à la manière dont la nature de la lumière a façonné la vie sur Terre. Faites un pas de plus et demandez-vous ce qu'est la lumière ; vous contemplerez alors ce qui est unanimement considéré comme le mystère le plus profond de la nature.

Cet ouvrage est conçu pour montrer comment des questions simples nous entraînent dans des découvertes parmi les plus intenses que l'humanité ait jamais faites. Elles révèlent la physique telle que vous ne l'avez probablement jamais apprise à l'école : le véritable objectif de cette discipline, ce qu'elle implique, ce que nous savons concernant l'Univers – et ce que nous ignorons. Carl Sagan a déclaré : « Quelque part, quelque chose d'incroyable attend d'être connu. » Puisse cette aventure commencer maintenant.

À QUOI SERT LA PHYSIQUE ?

Questions insolubles, surprises et la soif insatiable de comprendre

Pendant des décennies, cette question a souvent été posée dans les salles de classe. La réponse commence généralement par un récit, d'authenticité douteuse, mettant en scène le légendaire philosophe grec Archimède et la couronne du roi Hiéron.

Lorsque Hiéron monta sur le trône de la ville sicilienne de Syracuse, il donna à un artisan une certaine quantité d'or afin qu'il lui confectionne une couronne. Une fois celle-ci achevée, une rumeur colporta que ledit artisan avait substitué de l'argent à une partie de l'or. Hiéron demanda donc à Archimède, qui n'avait alors qu'une vingtaine d'années, de découvrir la vérité.

Cette légende, rapportée par l'écrivain romain Vitruve, dit qu'Archimède comprit comment résoudre cette énigme en prêtant attention au volume d'eau que son corps déplaçait dans une baignoire : l'argent, moins dense que l'or, devait déplacer moins d'eau. Archimède réalisa donc une série d'expériences qui consistaient à immerger de grosses masses d'argent et d'or de même poids que la couronne, et à observer quelle quantité d'eau chacune déplaçait. Cela lui permit d'affirmer qu'il y avait de l'argent dans la couronne. Tout à son euphorie, il se précipita tout nu dans la rue en criant « Eurêka ! » (j'ai trouvé).

La physique sert-elle donc à répondre à des questions apparemment insolubles ? Nous pouvons dorénavant observer notre environnement à travers une palette d'échelles extrêmement large. Depuis que nous avons jadis imaginé la matière visible comme étant insécable, nous sommes descendus vers des échelles de plus en plus petites, jusqu'à l'atome, puis jusqu'aux particules les plus fondamentales, et finalement jusqu'à une vision où la matière apparaît constituée de fluctuations dans l'énergie du vide (voir « Les solides sont-ils vraiment solides ? »). Le ciel était autrefois la frontière de notre champ de vision, maintenant nous savons que l'Univers est si vaste qu'il faut environ 28 milliards d'années à la lumière pour le traverser (voir « Suis-je unique ? »). Enfin, nous ne devons pas oublier que la compréhension du concept de la vitesse finie et constante de la lumière représente aussi une victoire de la physique, remportée après une lutte acharnée (voir « Pouvons-nous voyager dans le temps ? »).

Nous avons beaucoup appris sur l'histoire de l'Univers, la nature de la matière et la structure de notre planète, mais la plus grande leçon à retenir est probablement qu'à chaque fois que nous réfléchissons, la nature se révèle à nous, nous surprenant à nouveau et montrant à quel point nos connaissances sont minces.

> *« Je ne sais pas à quoi je ressemble pour les autres, mais pour moi, je me fais l'impression de n'être qu'un petit garçon qui joue sur la plage, prenant plaisir à trouver de-ci de-là un galet un peu plus lisse ou un coquillage un peu plus beau qu'à l'ordinaire, alors que les réalités que j'ignore s'étendent devant moi comme une mer immense. »*
>
> ISAAC NEWTON

Une alternative à la superstition

Ce que Newton appréciait peut-être le moins, c'était la capacité de la physique à se démarquer du mysticisme et de la superstition. Il fut un grand alchimiste et un érudit de la Bible, et considérait ses écrits sur le Livre de Daniel comme son œuvre majeure. À chaque fois que la physique menaçait de jeter la suspicion sur les questions spirituelles, Newton se cabrait. « J'ai étudié ces sujets – vous, non », constituait son objection opiniâtre aux critiques des astronomes envers la religion. Il laissait de la place pour l'œuvre de Dieu dans la mécanique de ses « rouages d'horloges du Paradis », mais le progrès inéluctable de la physique effaça bientôt la main divine. Lorsque Napoléon Ier

interrogea Pierre Simon de Laplace sur son traité de mécanique céleste fraîchement publié, il remarqua l'absence de Dieu dans ce mécanisme. «Je n'ai point eu besoin de cette hypothèse», répondit Laplace. L'objectif de la physique consiste à découvrir, de différentes manières, ce qui, dans l'Univers, est explicable par un ensemble de lois ; et plus les lois sont simples, meilleures elles sont.

Jusque vers l'an 600 av. J.-C., les civilisations ont développé des technologies mais ont peu réfléchi sur la manière de rendre le monde intelligible : cela restait le domaine des prophètes et des sages. Puis arrivèrent les philosophes de la ville de Milet. Située sur la côte ouest de l'actuelle Turquie, elle fut le foyer d'une école de pensée avide de comprendre le monde réel. Plutôt que d'obscurcir les secrets de l'Univers par des peurs religieuses et mystiques, les philosophes de Milet cherchaient des lois expliquant les phénomènes de la nature. Ils échafaudèrent des théories pour expliquer, entre autres, les tremblements de terre, les éclairs et la structure de l'Univers.

Les savants de Milet débattirent ouvertement de ces théories, cherchant comment elles pouvaient être testées, et considérant les résultats des expériences comme des arbitres de vérité. Anaximène de Milet est réputé avoir effectué la première expérience scientifique du monde. Ses observations sur la manière dont la température de l'haleine exhalée semble varier selon que les lèvres sont pincées ou largement ouvertes le conduisirent à conclure que la compression du gaz engendre le refroidissement, et l'expansion, le réchauffement.

En réalité, Anaximène avait totalement tort, ce qui constitue un autre enseignement de la physique, qui nous indique que nous ne pouvons jamais être certains d'une chose que le « bon sens nous fait accepter » : les théories admises, et même les « réalités » sur la manière dont les choses fonctionnent dans l'Univers, sont souvent invalidées et supplantées par des idées nouvelles. Ces dernières, également, sont soumises à la réfutation. La physique est un processus qui consiste à tout tester, et plus particulièrement ce que nous désirons le plus être vrai.

ÉNONCER LES LOIS POUR DIRIGER UNE SOCIÉTÉ

James Wilson, qui joua un rôle important dans la rédaction de la Constitution des États-Unis et devint l'un des six juges de la première Cour suprême de justice, à l'époque de George Washington, prenait les idées de la physique à cœur. Lorsqu'il définit le rôle du gouvernement dans ses Conférences sur la loi, il précisa : « Chaque partie agit et subit, soutient et est soutenue, dirige et est dirigée par le reste... il y a un besoin de mouvement dans les affaires humaines, et ces puissances sont obligées de se mouvoir, bien que ce soit toujours de concert. »

La déclaration de Wilson est digne de Newton : elle évoque les mêmes lois d'interaction qui permirent à celui-ci de déduire comment fonctionne le Système solaire. Qui plus est, le lien entre Newton et la théorie politique n'est pas difficile à établir. Il fut inspiré par Copernic, qui corroborait le travail d'Aristarque de Samos, lequel vécut en Grèce entre 310 et 230 av. J.-C. Aristarque fut, à son tour, inspiré par le philosophe et homme politique grec Platon. On considère que la plus grande contribution de Platon à la civilisation est sa *République*, un examen sur la manière de diriger au mieux une société. Mais il fut également un astronome de renom, le premier à reconnaître, par exemple, que les anomalies dans la trajectoire des planètes pourraient être résolues en découvrant une certaine combinaison de mouvements circulaires.

Platon pensait que la physique constituait une excellente formation pour un homme politique. Les dirigeants devraient étudier les sciences physiques telles que l'astronomie, déclarait-il, non parce qu'elles nous aident à admirer les étoiles ou à naviguer, mais parce qu'elles fournissent un enseignement sur les techniques de la pensée abstraite, qui sont essentielles au gouvernant. Ces mêmes qualités sont toujours très précieuses aujourd'hui : les physiciens formés sont extrêmement sollicités en dehors des murs des laboratoires – dans la finance, dans les affaires et dans les gouvernements.

C'est pour cette raison que la physique est dépourvue de « saints scientifiques ». Elle n'est pas tant une discipline d'idées qu'une discipline de consensus acquis au terme d'un recueil d'évidences expérimentales. Ceux qui refusent d'accepter les résultats des expériences – et qui ne donnent pas de bonnes raisons pour que les autres les rejoignent du « mauvais » côté de la barrière – sont généralement mis à l'écart, sans ménagement.

Plus que la somme des parties

Les physiciens Albert Einstein et Richard Feynman incarnent bien le fait que la physique est plus importante que n'importe quel physicien. Bien que maintenant vénéré telle une icône publique, Einstein n'est pas mort en héros aux yeux des physiciens, car son ultime quête laisse un goût amer. L'œuvre d'Einstein la plus connue fut effectuée au début de sa carrière, grâce à sa contribution fertile à la théorie quantique avec la découverte expérimentale du photon, le quantum de l'énergie (voir « Qu'est-ce que la lumière ? »).

Cela anéantit l'idée vieille d'un siècle que la lumière devait être une onde. Ensuite, sa théorie de la relativité restreinte modifia notre perception du temps. Son explication de l'idée que la masse et l'énergie sont interchangeables (voir « Pourquoi $E = mc^2$? ») a été une révélation sur les principes fondamentaux de la matière. La théorie de la relativité générale reformula le travail de Newton sur la gravitation après environ quatre siècles d'acceptation (voir « Pourquoi une pomme chute-t-elle ? »).

Suite à cela, cependant, les idées d'Einstein devinrent infructueuses pour la physique. La révolution quantique bouleversa cette discipline, mais Einstein refusa de considérer la mécanique quantique comme une manière pertinente de décrire l'Univers. Il passa ses dernières années à élaborer, en vain, une théorie qui aurait unifié l'électromagnétisme avec la relativité, et aurait rendu inutile la mécanique quantique. Le nombre de physiciens qui travaillèrent avec lui et le soutinrent s'amenuisa au cours de sa vie.

> *« Le premier principe est que vous ne devez pas vous duper – et vous êtes la personne la plus facile à duper. »*
>
> RICHARD FEYNMAN

Richard Feynman est probablement le deuxième physicien le plus célèbre après Einstein. Il fut un grand vulgarisateur de cette discipline, un penseur important et imaginatif, et demeure surtout un immense héros pour ceux qui travaillent dans ce domaine. Feynman ne parvint jamais au sommet vertigineux de réussite d'Einstein, mais il a, plus que tout autre, contribué à l'avènement de l'électrodynamique quantique, ou QED

(Quantum ElectroDynamics), une théorie qui décrit les interactions entre la lumière et la matière (voir « Qu'est-ce que la lumière ? »). Elle est unanimement honorée comme étant notre théorie la plus réussie de la physique.

L'une des plus grandes forces de Feynman, en tant que physicien, fut son aptitude à écouter les convictions de ses confrères : il s'inclinait devant l'évidence et admettait qu'il travaillait toujours dans une situation d'ignorance. Sa volonté de ne pas se laisser abuser est résumée dans son appréciation de la théorie qui fit échouer Einstein. « Je crois pouvoir dire à coup sûr que personne ne comprend la mécanique quantique, écrivit-il dans *La Nature de la physique.* Ne restez pas là à vous demander si vous pouvez faire autrement, “mais comment peut-il en être ainsi ?” parce que vous allez glisser [...] dans une voie sans issue dont personne n'a réchappé. Personne ne sait comment il peut en être ainsi. »

> *« Si j'ai pu voir si loin, c'est parce que je me suis hissé sur les épaules de géants. »*
>
> ISAAC NEWTON

C'est la raison pour laquelle, contrairement à Feynman, le vieillissant Einstein n'est pas vénéré par les physiciens. Alors qu'Einstein s'enferma lui-même dans une impasse, Feynman admit sa compréhension limitée des choses, et suivit les autres comme s'ils exploraient un nouveau territoire. C'est un autre constituant du but de la physique : progresser en se fondant sur les réussites des autres.

Grâce à la théorie quantique, la physique a même pu franchir l'étape extraordinaire de définir certaines de ses propres limites. Le principe d'incertitude de Heisenberg (voir « Tout est-il finalement aléatoire ? ») grave dans le marbre le fait que la physique peut nous montrer qu'il existe des limites intrinsèques à tout système.

Une discipline humble

Lorsque nous examinons les équations qui gouvernent le mouvement d'un électron, par exemple, nous pouvons voir comment elles nous informent sur sa quantité de mouvement ou sa vitesse. Toutefois, elles ne peuvent en aucun cas nous renseigner à la fois sur ces deux caractéristiques, que nous ne pouvons donc connaître qu'avec une précision limitée.

Werner Heisenberg en perçut le côté pratique : il existe des limites que nos expériences peuvent révéler. En faisant rebondir un photon de lumière sur l'électron, vous pouvez en déduire sa position, mais le photon aura aussi transmis une partie de sa quantité de mouvement à l'électron. Ainsi, le fait de déterminer la position de l'électron engendre une incertitude sur la valeur de sa quantité de mouvement. Inversement, une mesure de la quantité de mouvement engendrera toujours une incertitude sur la position d'une particule. Que vous considériez la théorie ou l'expérience, vous pouvez toujours faire ressortir des limitations strictes. La physique, par bien des côtés, est une discipline humble. Mais il y a moult raisons de rester humble à ce sujet, comme en témoignent les physiciens à l'origine de la bombe atomique.

Si, après la Seconde Guerre mondiale, vous aviez demandé « à quoi sert la physique ? », le simple fait de poser la question vous aurait valu l'incrédulité des gouvernements occidentaux. La physique, c'était tout. Et la guerre l'a montré en nous dotant d'innovations technologiques fantastiques : le radar, les ordinateurs, la bombe atomique, et, bien sûr, la télévision et les fours à micro-ondes. La physique a été portée au rang de moteur des économies et de protectrice des nations. Posez la même question aux physiciens, et vous obtiendrez cependant une réponse moins enthousiaste.

Aussitôt après le premier test de la bombe atomique au Nouveau-Mexique, le physicien Kenneth Bainbridge s'adressa à Robert Oppenheimer, le responsable du projet, en ces termes : « Maintenant, nous sommes tous des fils de pute. » Oppenheimer faisait face à ses propres émotions, confuses : des décennies plus tard, il admit qu'ils savaient tous qu'à partir de cet instant, le monde ne serait plus le même. Et malgré tout, Oppenheimer affirma que, dans la même situation, il agirait exactement de même. « Si vous êtes scientifique, vous ne pouvez pas interrompre un tel processus, annonça-t-il dans son discours de démission en 1945. Si vous êtes scientifique, vous êtes persuadé qu'il est bon de découvrir comment fonctionne le monde... qu'il est bon de remettre à l'humanité tout entière la plus grande puissance possible permettant de contrôler le monde. »

Le monde dans notre poche

La physique sert-elle à prendre le contrôle du monde entier ? Il est vrai que celle-ci – ou du moins ses applications industrielles – a façonné le monde moderne. Si notre époque peut être définie par une chose, c'est probablement la révolution de la microélectronique : la télévision, l'ordinateur, Internet et les communications portables, pour en mentionner quelques aspects. Tout cela a été édifié grâce à la physique ou, pour être plus précis, grâce à la technologie du silicium. Pendant la Seconde Guerre mondiale, les développeurs du radar s'évertuaient à produire des cristaux toujours plus purs de silicium et de germanium. Les physiciens – surtout ceux employés par les laboratoires Bell aux États-Unis – ont poursuivi ce développement après la guerre, apprenant comment les transformer en « semi-conducteurs » et les incorporer dans les technologies qui nécessitaient auparavant des tubes à vide encombrants et inefficaces. En 1952, les premiers produits électroniques à base de silicium déferlaient sur le marché : des dispositifs à faible consommation électrique et vraiment portables, comme les appareils auditifs et les radios de poche. Un an plus tard, le premier ordinateur fonctionnant avec des transistors apparaissait. Peu après, on commença à désigner la concentration d'entreprises d'électronique situées dans une petite région de la Californie du Nord sous le nom de « Silicon Valley ».

Il n'est pas difficile de percevoir les effets de la physique sur nos vies. Les lasers en fournissent un exemple flagrant. Issus également des laboratoires Bell, ils proviennent de la recherche sur la technologie radar effectuée pendant la guerre. Depuis leur invention en 1957, ils sont devenus omniprésents dans la vie quotidienne. Les lecteurs de CD et DVD, les systèmes de communication par fibre optique tels que le réseau Internet, les lecteurs de code-barres dans les supermarchés, la chirurgie de l'œil et les imprimantes laser représentent simplement quelques-unes de leurs applications.

Donc, la physique sert-elle à développer la technologie ? Aucunement. Les révolutions technologiques du XXe siècle sont la conséquence, en fin de compte, de la découverte de la théorie quantique. Le but était d'essayer de démêler des choses que personne ne comprenait, comme l'explication du fait que le spectre de rayonnement émis par un four à 100 °C est identique au spectre de rayonnement émis par n'importe quoi d'autre à 100 °C, plutôt que de tenter d'inventer de nouveaux appareils en particulier.

Sur le fond, nos technologies électroniques modernes sont issues de la théorie quantique, laquelle provient de la thermodynamique, l'étude de la chaleur. Celle-ci émergea de l'étude des gaz, et ainsi de suite. La physique est une réaction en chaîne autosuffisante : chaque découverte engendre une autre série d'interrogations, lesquelles provoquent de nouvelles découvertes. Comme George Bernard Shaw le déclara : « la science ne résout jamais un problème sans en créer dix nouveaux de plus ».

Une histoire sans fin

Aucun tarissement des questionnements n'est en vue. Pourtant, les physiciens s'étaient accoutumés à déclarer avec joie que leur tâche était achevée. En 1894, le physicien américain Albert Michelson annonça : « Les lois et les réalités fondamentales les plus importantes de la physique ont toutes été découvertes et elles sont maintenant si fermement établies que l'éventualité de les voir infirmées par de nouvelles découvertes est extrêmement faible. » Dans la décennie qui suivit, nous connaissions les deux révolutions de la relativité et de la théorie quantique.

En 1888, l'astronome Simon Newcomb avait annoncé la fin de l'astronomie, suggérant qu'il restait peu de place dans les cieux pour la découverte. Or, notre vision du cosmos a probablement changé de façon plus radicale depuis son époque qu'elle ne l'a fait au cours des milliers d'années de découvertes scientifiques avant sa naissance. Bien que les avancées majeures du dernier siècle nous aient montré d'où nous venons, en esquissant l'histoire complète de l'Univers, l'arrogance a quitté notre vision du monde. Avec la découverte que la majorité du contenu de l'Univers se trouve sous une forme inconnue de la science, les physiciens ont maintenant conscience qu'ils n'appréhendent qu'une faible portion de l'Univers.

Mais, il faut bien le dire, une fin se profile à l'horizon : la « théorie du tout ». Si la physique débute avec la quête des savants de Milet sur les lois qui gouvernent les phénomènes naturels, elle se terminera (théoriquement) avec la découverte d'une seule loi : la description ultime de l'Univers. Cette théorie du tout réduira toutes les particules, les forces qui dictent leurs interactions, et l'espace et le temps dans lesquels leur existence se manifeste, en une seule description unifiée (voir « Qu'est-ce que la théorie des cordes ? »).

Pour l'instant, nous en sommes loin, mais nous avons peut-être découvert le véritable objectif et l'essence de la physique : mesurer l'étendue de notre ignorance, et faire tout notre possible pour la réduire. Parfois, comme avec la bombe atomique, il y a un prix à payer pour ce voyage de découvertes. Parfois, comme avec le développement de la mécanique quantique, nous en recueillons de nombreuses récompenses pratiques. Mais la plupart du temps, la physique est simplement mue par l'émotion de la découverte et par l'émerveillement de voir que nos découvertes ont rendu le monde plus intéressant. Comme le poète John Dryden le disait, « la joie de chercher et de comprendre est le don le plus précieux de la nature ».

QU'EST-CE QUE LE TEMPS ?

Le temps qui passe, le désordre et les horloges élastiques d'Einstein

Profondément enfouie dans notre cerveau se trouve une structure que l'on appelle le striatum. Cette masse de neurones est, d'après ce que nous en savons, le seul lieu où réside le temps. Il emmagasine les premiers enregistrements des événements de notre vie, et suscite le sentiment que notre enfance était un assortiment bouillonnant d'instants importants et fascinants, alors que l'âge adulte file bien trop rapidement pour être apprécié à sa juste valeur.

N'accordons toutefois pas trop d'importance à ces sensations, car la faculté du striatum consiste en fait à créer une impression – peut-être même une illusion – du temps qui passe. Le problème est que sa mesure du temps dépend de ce qui se passe dans notre conscience. Chaque fois que nous réalisons une tâche consciente, tel que mettre de l'eau à chauffer, les divers circuits électriques situés dans notre cerveau sont excités à l'unisson. Le striatum enregistre cette signalisation simultanée et commence à consigner les motifs consécutifs de la transmission électrique, provenant des aires telles que le cortex frontal. Notre perception de la quantité de temps qui s'est écoulée avant que l'eau se mette à bouillir n'est rien de plus qu'une mesure des signaux électriques accumulés.

Cela n'est pas trop ennuyeux tant que nous pouvons réajuster le temps en jetant un coup d'œil à une horloge ou à sa montre. Mais si l'on nous en empêche, tout se complique. Au début des années soixante, le géologue français Michel Siffre séjourna sans montre dans une grotte obscure pendant soixante jours. Sa perception de l'écoulement du temps se déforma et, à la fin de l'expérience, ce que Siffre considérait être une heure en était souvent quatre ou cinq. Des drogues telles que le Valium, le LSD ou encore la caféine rendent notre perception du temps tout aussi discordante. Il en est de même pour notre mémoire.

Nous pensons souvent qu'un emploi du temps bien rempli fait passer la vie comme un éclair, mais les expériences montrent que cela n'est vrai que *pendant* les périodes d'occupation. Par la suite, lorsque nous réfléchissons à notre existence, ces périodes nous semblent beaucoup plus longues. C'est pourquoi notre enfance apparaît aujourd'hui comme une succession de longs étés dorés – la vie était trépidante lorsque nous avions encore tant de choses à expérimenter, et notre cerveau pense que ces niveaux de signalisation intense doivent correspondre à de vastes périodes de temps. Ainsi, notre contrôle de l'écoulement du temps est aussi incertain que nous pourrions l'avoir imaginé. Mais il s'avère que les problèmes que nous pose la perception du temps sont insignifiants par rapport à ceux posés par la notion du temps lui-même.

Le temps universel

Vous pensez peut-être que nous possédons maintenant une bonne idée de ce qu'est le temps. Après tout, le temps est un concept universellement assimilé – chaque culture humaine sait des choses sur lui, parle de lui, le ressent. Et nous avons médité durant des millénaires sur ce qu'il signifie. En 350 av. J.-C., Aristote, par exemple, rédigea un ouvrage intitulé *La Physique*, qui contient l'une des premières tentatives pour saisir la notion du temps.

> *« Tout d'abord, fait-il partie de la catégorie des choses qui existent ou de celle des choses qui n'existent pas ? »*
>
> ARISTOTE

Aristote s'interrogeait sur la nature réelle du temps, une question qui est toujours ouverte de nos jours. Si nos consciences sont bernées par le passage du temps, ce pourrait être parce que le temps lui-même est une illusion. Des Grecs jusqu'à la physique de l'époque moderne, la principale conclusion à propos du temps est restée invariable : il est, pour le moins, relatif au changement. C'est à travers le temps qu'une chose se change en une autre.

Mais alors que les contemporains grecs d'Aristote considéraient avec obsession le cercle comme le concept le plus fondamental dans l'Univers, signifiant que le temps doit s'écouler en suivant des cycles, la physique moderne se focalise sur des processus linéaires : du début jusqu'à la fin, du Big Bang à l'effondrement cosmique. Avec le temps, tout cela se traduit sous la forme d'une irrésistible intuition de la flèche du temps : selon notre point de vue moderne de l'Univers, le temps s'écoule de manière irréversible. Les œufs se brisent, et ne peuvent pas être reconstitués. Les horloges perdent petit à petit de l'énergie, et ne peuvent spontanément se recharger.

Ce processus de changement, dans lequel les systèmes évoluent de manière irréversible vers le désordre, est connu sous le nom de flèche thermodynamique du temps. Il émerge d'une des lois de la physique les plus fondamentales : le deuxième principe de la thermodynamique, qui stipule que, dans son ensemble, l'Univers subit un processus où l'ordre décroît. L'entropie, une mesure de l'état de désordre dans un système, augmente toujours.

Ordre et désordre

Cette flèche du temps pourrait émaner d'une grande diversité de sources. La « flèche cosmologique du temps », par exemple, définit la création de l'Univers comme un état particulier de faible entropie où tout était soigneusement ordonné. Bien que certaines choses, comme les galaxies, apparaissent ordonnées, avec des structures qui sont souvent magnifiquement complexes, l'ordre de l'Univers tout entier diminue. La fin surviendra lorsqu'il n'y aura plus de désordre à créer ou, comme l'exprima Lord Kelvin, quand l'Univers sera parvenu à « un état de mort et de repos universels ».

Notre flèche du temps familière pourrait également provenir de la théorie quantique. Selon l'une des écoles de pensée (probablement la plus populaire), les systèmes quantiques subissent une « perturbation » irréversible lorsqu'ils sont mesurés. Cela résulte de la remarquable aptitude qu'a un objet quantique, comme un atome, d'exister dans deux états entièrement distincts en même temps. Par exemple, il pourrait tourner simultanément dans le sens des aiguilles d'une montre et dans le sens contraire. Toutefois, lorsque la mesure est effectuée, cet état dédoublé se trouve dans l'obligation de devenir l'un ou l'autre : l'atome mesuré sera observé comme tournant dans le sens horaire ou antihoraire, et ne retournera pas spontanément dans l'état où il faisait les deux à la fois.

Il y a, malgré tout, un problème avec ces descriptions de la flèche du temps. Elles ne nous mènent nulle part parce qu'elles requièrent le concept de changement. Et le changement, comme le remarqua Aristote, est une marque du temps qui passe. Par le truchement de considérations sur la flèche du temps, nous n'avons en fait pas beaucoup avancé dans la définition du temps. Tout ce que nous avons est une explication présumée de la direction qu'il semble emprunter. Et même cette idée a été ébranlée. La flèche du temps pourrait faire partie de notre expérience personnelle, mais nous n'avons aucune raison de croire qu'elle est réelle. Pire encore, nous avons une bonne raison de croire qu'elle ne l'est pas.

Une dilatation du temps

Nous devons remercier Albert Einstein pour ce trait de génie : c'est le cœur de sa théorie de la relativité restreinte, qu'il publia en 1905. Ce fut une œuvre révolutionnaire, balayant d'un seul coup le concept populaire et persistant de l'éther, une sorte de fluide invisible emplissant tout l'espace et fournissant un support sur lequel les champs électromagnétiques tels que la lumière peuvent se déplacer.

Il convient de mentionner que si, comme l'a dit le regretté Carl Sagan, les théories extraordinaires nécessitent des preuves extraordinaires, la relativité restreinte fait partie de ces rares théories qu'une preuve extraordinaire a permis de confirmer. Ce que vous vous apprêtez à lire pourra vous sembler absurde, mais il y a toutes les raisons de le prendre au sérieux.

L'idée centrale de la relativité restreinte est que les lois de la physique sont les mêmes pour tous, quelle que soit la manière de se déplacer dans l'Univers. La conséquence la plus importante en est que la vitesse de la lumière est une constante, universellement connue comme étant *c*. Si vous mesurez la vitesse de la lumière émise par les phares d'une voiture qui roule vers vous à 100 km/h, celle-ci sera égale à *c*, et non *c* + 100 km/h. La vitesse de la lumière ne varie pas en fonction du mouvement relatif de l'émetteur et de l'observateur. La conséquence extraordinaire de la constante *c* est que, lorsque des situations la mettent en jeu, tout le reste doit varier – y compris le temps. L'écoulement du temps est un concept aussi flexible dans le monde réel et physique qu'il l'est à l'intérieur de votre esprit.

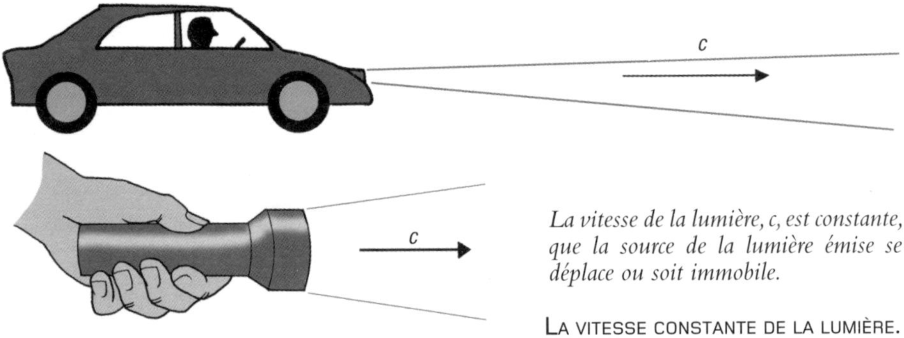

La vitesse de la lumière, c, est constante, que la source de la lumière émise se déplace ou soit immobile.

LA VITESSE CONSTANTE DE LA LUMIÈRE.

Imaginons une scène dans laquelle vous vous tenez à 100 mètres d'un carrefour dont la circulation est contrôlée par des feux. Vous êtes équipé d'un chronomètre d'une incroyable précision, d'une règle d'un mètre et doté de réflexes éclair. Le feu passe au rouge, et vous êtes capable de mesurer le temps que met la première impulsion de lumière rouge pour parcourir la longueur de votre mètre. À cet instant, une voiture vous double, voyageant vers le carrefour à 100 km/h. Le passager situé sur le siège avant possède la même dextérité et les mêmes équipements que vous, il effectue la même mesure : le temps mis par la lumière pour parcourir la longueur de sa règle d'un mètre.

Vous avez mesuré ensemble la vitesse de la lumière, et Einstein soutient que vous devez obtenir tous les deux un résultat identique. Mais tandis que la voiture passe à votre hauteur en direction du feu, le mètre à l'intérieur vous dépasse également. Au moment où la lumière a atteint le bout de la règle dans la voiture, l'extrémité éloignée de celle-ci était plus proche du feu, et donc la lumière a parcouru une distance inférieure à la vôtre. Le passager de la voiture devrait aussi mesurer la lumière comme étant plus rapide, parcourant un mètre en moins de temps. Comment alors pouvez-vous obtenir tous les deux le même résultat ? La réponse est liée à l'écoulement du temps dans des situations différentes. Par rapport à votre horloge, celle de la voiture en mouvement avance plus lentement. Ainsi, bien que la lumière ait apparemment une distance inférieure à parcourir, la mesure du temps était plus grande que la vôtre, ces deux effets se compensant.

Cet effet, connu sous le nom de dilatation du temps, ne devient nettement perceptible que lorsque l'horloge se déplace à des vitesses proches de celle de la lumière. Mais il est vrai que pour une horloge qui se déplace par rapport à vous, le temps s'écoule réellement beaucoup plus lentement que pour celle que vous tenez dans votre main. Ainsi, le terme « horloge » se réfère à tout ce qui peut signaler l'écoulement du temps. Analysez bien cette phrase, et vous découvrirez que toutes sortes de conséquences dérangeantes surgissent.

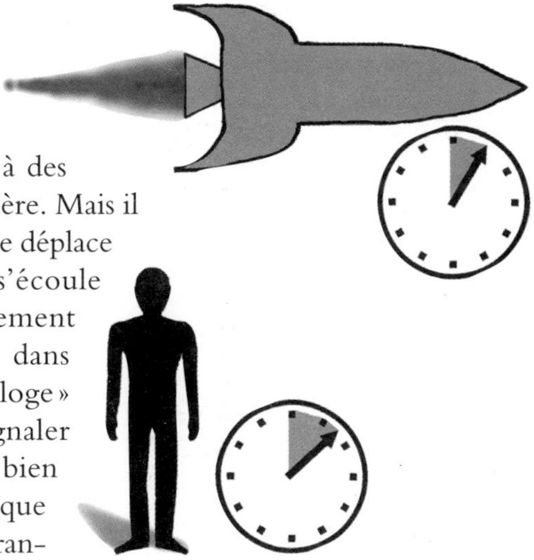

DILATATION DU TEMPS.

Vieillissements relatifs

Commençons avec quelque chose de difficilement imaginable. Prenons un morceau de polonium, un matériau radioactif découvert par Pierre et Marie Curie, il y a environ deux cents ans. Une forme du polonium, le polonium 209, possède une demi-vie d'environ cent ans : cela signifie qu'au bout d'un siècle, la moitié de ses atomes aura émis une bouffée de rayonnement et se sera désintégrée en atomes plus stables.

Si les Curie avaient pris deux morceaux identiques de cette matière lorsqu'ils la découvrirent, et qu'ils en avaient laissé un dans leur laboratoire parisien tandis qu'ils envoyaient l'autre effectuer un voyage aller-retour dans l'espace à une vitesse de 0,99 fois celle de la lumière, revenant sur Terre aujourd'hui, nous remarquerions quelque chose de fantastique concernant la quantité de rayonnement qu'ils auraient libérée. Le morceau resté à Paris aurait perdu la moitié de ses atomes radioactifs de polonium au cours des cent premières années. Pendant le second siècle, il en aurait perdu la moitié de la moitié restante. Donc, après deux cents ans, 75 % du polonium se serait désintégré. Mais son jumeau, le morceau projeté dans l'espace et qui est revenu, n'aurait décru que de 20 %.

Cela s'explique parce que le mouvement par rapport à la Terre à 0,99 fois la vitesse de la lumière ralentit le temps pour ce morceau (si l'on met de côté des questions pratiques comme l'accélération, la décélération et le demi-tour). Son « horloge », qui peut être mesurée par le rythme auquel ses atomes ont ressenti la désintégration radioactive, n'a avancé qu'à 14 % seulement de la cadence de son jumeau qui n'a jamais quitté la planète. C'est pourquoi autant de ses atomes radioactifs sont restés intacts. Cela est probablement assez dur à avaler. Mais voyons à présent quelque chose de vraiment incroyable.

Permettons à Pierre et Marie Curie de conserver les deux morceaux de polonium. Pierre accompagne un morceau dans le même voyage aller-retour dans l'espace, tandis que Marie reste à Paris avec le sien. Les corps des scientifiques possèdent également des horloges internes : leurs atomes changent avec le temps qui passe, engendrant par exemple les battements du cœur, ou la mort de cellules après un certain nombre de divisions. Si nous faisons semblant de ne pas considérer les effets délétères de la radioactivité, les atomes – et donc les cellules et les battements du cœur – dans le corps de Pierre fonctionneront plus lentement que ceux de Marie, de même que la désintégration radioactive du polonium s'écoulera plus lentement que sur Terre. Lorsque Pierre revient, deux cents années terrestres plus tard, Marie est décédée depuis longtemps, mais le corps de Pierre n'a vieilli que de vingt-huit ans. Une conclusion saute aux yeux immédiatement : en se donnant les moyens adéquats, le voyage dans le futur est entièrement possible. Mais cette réalité conduit directement à la révélation stupéfiante que la théorie de la relativité restreinte d'Einstein jette aux oubliettes la notion d'un quelconque futur commun. De même, il n'existe ni présent ni passé communs.

À la recherche du temps perdu

Vous pourriez affirmer que, pendant que vous vous tenez debout en regardant les feux, vous voyez deux événements se produire simultanément. Mais comme nous l'avons vu, le passager dans la voiture possède une horloge qui avance à une vitesse différente. Ainsi, l'information qu'il obtiendra concernant la synchronisation de ces deux événements pourrait bien être différente. Pire, vous pourriez observer deux événements, A et B, se produisant à des instants distincts, avec B qui suit A. Toutefois, en fonction de la manière dont votre ami se déplace relativement à vous, il pourrait observer que A suit B. Cela est potentiellement catastrophique : si vous pensez que l'événement A est la cause de B, comment ceci est-il explicable pour quelqu'un qui a vu B se produire en premier ?

Le passé, le présent, le futur, la simultanéité, la cause et l'effet – rien de tout cela n'est universel. Lorsque le temps et les processus qu'il dirige sont concernés, vous et votre striatum êtes vraiment proprement subjectifs. Il y a une réponse simple à tout ce désarroi, cependant, et c'est une réponse qui est séduisante aux yeux de nombreux physiciens et philosophes : nous pourrions nous débarrasser de l'idée que le temps existe.

C'est un argument qui remonte au XVIIe siècle. Newton, dont la foi chrétienne lui imposait que l'espace et le temps reflètent la nature de Dieu, considérait le temps comme une entité réelle, un absolu qui évolue indépendamment de toutes choses dans l'Univers. Mais son grand rival Gottfried Leibniz était persuadé que le temps est une conception humaine. Tout ce que nous pouvons faire, dit Leibniz, est de décrire comment les positions des choses dans l'espace sont reliées les unes aux autres, et comment cette relation évolue. Il est utile que le balancier d'une horloge oscille en effectuant un aller-retour incessant, et qu'en réponse les aiguilles de celle-ci tournent autour du cadran, par exemple, mais cela ne signifie pas que l'horloge est en train de mesurer quelque chose qui existe vraiment. Le temps, selon lui, provient de notre aspiration à rendre le monde intelligible, mais ce n'est rien de plus qu'un moyen pratique pour s'orienter. C'est un raccourci, comme le concept spatial de « haut ». « Haut » signifie une certaine direction lorsque je me trouve à Paris, mais la même direction est en réalité « bas » à Sydney.

Cette association est plus qu'une simple illustration commode. Quand Einstein publia sa théorie de la relativité générale (le terme « restreinte » dans « relativité restreinte » se réfère à un cas restreint, c'est-à-dire un cas particulier, et non à une signification restreinte), il postula que le temps et l'espace sont reliés. Le temps, dit-il, est simplement l'une des quatre dimensions de l'Univers, les trois autres étant celles dans lesquelles nous déplaçons notre corps physique : haut et bas, droite et gauche, avant et arrière. L'unique différence est que, tandis que nous, êtres conscients, pouvons choisir comment nous nous déplaçons à travers les dimensions spatiales, nous n'avons aucun contrôle de notre mouvement à travers le temps.

Étirer l'espace et le temps

Nous pouvons imaginer les quatre dimensions de temps et d'espace d'Einstein – que l'on appelle l'espace-temps – comme un morceau de tissu qui peut être déformé, courbé, plié, entortillé et même déchiré par tout ce qui, en son sein, possède une masse ou de l'énergie. À partir de ce fondement, la relativité générale nous a dotés d'équations qui décrivent les caractéristiques du cosmos avec une exactitude sans précédent, nous permettant de découvrir comment fonctionne l'Univers, d'envoyer des sondes spatiales vers des destinations lointaines et de mettre sur pied un réseau de satellites de géopositionnement, qui nous indique où nous nous situons sur la Terre. Mais ce qui est peut-être le plus surprenant, c'est que la nature froissable du tissu quadridimensionnel d'Einstein est une indication sur l'origine du temps.

Votre masse courbe imperceptiblement l'espace-temps. La masse du Soleil le déforme beaucoup plus – selon la relativité générale, cette distorsion est la source de l'attraction gravitationnelle qui maintient notre planète sur sa trajectoire orbitale. La distorsion qui est provoquée par l'effondrement d'une étoile géante est beaucoup plus puissante : c'est un trou noir. Et c'est là que nous percevons la véritable puissance du travail d'Einstein.

Le champ gravitationnel prodigieusement intense d'un trou noir implique qu'il existe une région sphérique proche de son centre où la vitesse requise pour quitter ce trou noir est supérieure à la vitesse de la lumière – une vitesse impossible à atteindre. Rien, y compris la lumière, ne peut s'échapper de cette région, et donc nous ne pouvons obtenir une quelconque information sur tout ce qui se situe au-delà de sa frontière. Son nom : l'horizon des événements.

À l'horizon des événements, la dilatation du temps est infinie. Quelqu'un qui vous observerait à une distance suffisante pendant que vous chutez vers l'horizon des événements verrait vos mouvements se ralentir puis se figer car le temps progresse à une lenteur infinie pour vous, comparé à l'observateur. Ce n'est que dans le futur infini de l'observateur que vous atteindrez l'horizon des événements, donc vous ne disparaissez réellement jamais de sa vue. Votre corps aurait très peu de chance de résister à cette expérience, mais si vous surviviez, vous rencontreriez par la suite ce que la relativité considère être une rupture dans le tissu réel de l'espace-temps. Cette « singularité » au centre d'un trou noir émerge parce que la distorsion devient infinie. Ici, nous parvenons à la frontière des lois connues de la physique – au-delà de ce point, elles ne s'appliquent plus.

L'instant où les instants commencèrent

Bien qu'elle soit communément associée à l'anéantissement, on imagine également la singularité comme étant la clé de la création. Au début des années 1970, Roger Penrose et Stephen Hawking adaptèrent la notion mathématique de singularité du trou noir pour expliquer l'origine de l'Univers. Dans un trou noir, tout disparaît dans la singularité. Inversez les mathématiques de ce processus, et la singularité donnera naissance au véritable tissu de l'espace-temps. Depuis plus de trois décennies, nous avons considéré cela comme notre meilleure description du Big Bang, l'origine du temps lui-même.

Si la relativité générale lève un coin du voile sur la question de savoir d'où provient le temps, elle ne nous dit toujours pas grand-chose sur ce qu'est le temps. De surcroît, aussi impressionnantes que soient les propositions d'Einstein sur la nature de l'espace et du temps, nous savons que la relativité ne constitue pas l'ultime réponse.

Si la singularité nous révèle quelque chose, c'est que la relativité générale n'offre aucune explication satisfaisante sur le phénomène le plus extrême de notre Univers. Une description plus complète du cosmos et de la manière dont se comportent ses éléments (y compris les centres des trous noirs) – une théorie que l'on appelle souvent la « gravitation quantique » – nous échappe toujours. Et, comme nous le verrons, la nature du temps est vraiment au cœur de ce problème.

La gravitation quantique doit intégrer les notions relativistes du temps dans la mécanique quantique, notre meilleure description de la manière dont se comporte le monde microscopique des molécules, atomes et particules subatomiques. Mais la théorie quantique ne s'embarrasse pas du temps. Dans la formulation standard de cette théorie, vous ne pouvez pas poser des questions sur la durée que prend un processus, par exemple. Nous sommes alors confrontés au problème suivant : la théorie quantique indique que la plupart des particules subatomiques existent indépendamment de la direction du temps. De même qu'elles peuvent tourner dans le sens des aiguilles d'une montre et dans le sens contraire en même temps, leurs états quantiques peuvent évoluer en avant et à reculons dans le temps. Les chercheurs ont même appris à faire des expériences quantiques où des informations semblent provenir du futur des particules. De surcroît, la relativité restreinte nous annonce que les particules sans masse, telles que le photon, voyagent à la vitesse de la lumière et ne ressentent même pas l'écoulement du temps.

Le grand physicien John Wheeler a déclaré : « Le temps est la manière qu'a la nature d'empêcher que tout se produise en même temps. » Il aurait prononcé cette phrase les yeux pétillants, sachant parfaitement bien que l'apparente simplicité du temps cache sa véritable nature. Saint Augustin était plus sincère lorsqu'il dit : « Qu'est-ce alors que le temps ? Si personne ne me le demande, je sais ce qu'il est. Si je veux l'expliquer à celui qui me le demande, je ne sais plus. »

Malgré tous nos progrès scientifiques depuis saint Augustin, le temps demeure une énigme, probablement la plus grande question qui se pose aux physiciens aujourd'hui. Mais si le temps est une illusion, au moins celle-ci est-elle utile. Notre interprétation de ses conséquences – nos mémoires du passé, notre existence dans l'instant présent et nos espérances pour le futur – se situe au cœur de l'expérience humaine. Ou plutôt, c'est ce que notre striatum cherche à nous faire croire.

QU'EST-IL ARRIVÉ AU CHAT DE SCHRÖDINGER ?

La physique quantique et la nature de la réalité

C'était en 1925, à l'époque florissante de Buster Keaton et Charlie Chaplin. Le monde était en effervescence avec La Ruée vers l'or. *Ce film, salué comme étant le plus formidable de Chaplin jusqu'à ce jour, sortait sur les écrans le mois suivant. Mais le pauvre Wolfgang Pauli, un étudiant en physique de Hambourg, en Allemagne, était déprimé. « La physique aujourd'hui est à nouveau toute confuse, dans tous les cas elle est trop compliquée pour moi, écrivit-il à un camarade. J'aurais aimé être un acteur de cinéma ou quelque chose de ce genre et n'avoir jamais entendu parler de physique. »*

Pauli avait raison : personne ne comprenait ce que la mécanique quantique, qui venait de naître, cherchait à enseigner. Les expériences indiquaient que l'énergie doit être découpée en paquets indivisibles ou quanta, mais personne ne savait dire pourquoi. Et puis, quelques mois plus tard, le physicien autrichien Erwin Schrödinger clarifia la situation. Cela se produisit au cours d'un voyage dans les montagnes suisses, et s'acheva avec son interrogation sur le sort d'un chat imaginaire. Cette créature devint bientôt l'animal le plus célèbre de la science. L'histoire du chat de Schrödinger était empreinte de l'étrangeté de la théorie quantique, et sa nature à juste titre énigmatique est demeurée intacte jusqu'à aujourd'hui.

La source du trait de génie de Schrödinger se situe dans le travail d'un physicien français nommé Louis de Broglie. En 1923, ce dernier parvint à réunir la relativité – en gros la physique des échelles de distance et de vitesse les plus grandes – et la mécanique quantique balbutiante – la physique de l'infiniment petit. Le résultat était une simple équation. De Broglie affirmait que chaque particule en mouvement pouvait aussi bien être décrite comme une onde. En retour, chaque onde pouvait être représentée comme une particule en mouvement. Einstein, lorsqu'il prit connaissance de ce travail, le qualifia de « plutôt intéressant ». Deux ans plus tard, cependant, Schrödinger montra qu'il était beaucoup plus que cela.

Erwin Schrödinger développa les implications mathématiques de la formule de de Broglie pendant les vacances de Noël, en 1925, dans un chalet des montagnes suisses. Cette excursion fut manifestement pleine d'inspiration, car il en revint avec ce que nous appelons dorénavant l'équation d'onde de Schrödinger. Elle décrit comment une particule quantique se comporte lorsqu'elle est considérée comme une onde et fournit un moyen de comprendre d'où proviennent les états quantiques. Considérez le modèle de Bohr de l'atome, par exemple, où un électron qui tourne autour du noyau ne peut avoir que certains états d'énergie particuliers. L'équation de Schrödinger fournit une manière d'élucider ce que sont ces énergies « quantifiées » : l'électron est stable uniquement lorsque son onde effectue un nombre entier d'oscillations au cours de son orbite.

Ce fut une révélation pour les physiciens, qui n'avaient aucune explication appropriée pour les énergies quantifiées. Mais l'équation donne également un procédé permettant de développer la manière dont l'énergie, disons d'un électron, évoluera au cours du temps dans une situation précise. Elle peut aussi bien procurer la position de la particule que sa quantité de mouvement, ou dire comment les états quantiques de deux particules en interaction se stabiliseront. Elle fut saluée comme son coup de maître. Il restait cependant un problème.

Personne ne s'accordait sur ce que l'équation d'onde signifiait réellement. Voulait-elle dire que les particules sont vraiment des ondes ? Schrödinger le croyait – ou du moins l'espérait-il. Einstein était du même avis que lui, mais les autres n'étaient pas d'accord. Max Born, par exemple, physicien à l'université de Göttingen, montra que les solutions de l'équation d'onde ne donnaient rien de plus que des probabilités : la probabilité de découvrir une particule dans une région spécifique de l'espace, ou la probabilité que celle-ci possède une certaine quantité de mouvement.

En ce sens, l'équation était un guide sur ce que nous devions découvrir à propos du système quantique en cours d'inspection, mais ne disait rien sur la nature réelle de ce système. Autrement dit, elle ne fournissait pas une description de l'objet quantique, mais uniquement une description de ce que nous pouvions savoir de lui. Philosophiquement parlant, c'était un cauchemar. Einstein et Schrödinger détestaient cela.

Positivisme

Niels Bohr avait l'attitude contraire. Il habitait à Copenhague, où il dirigeait un institut financé par la brasserie Carlsberg. Il était un « positiviste » : sa philosophie enseignait que parler des propriétés objectives de quelque chose n'a aucun sens parce qu'il n'est possible d'en obtenir des informations que par le truchement de mesures subjectives. Et ces mesures imposeront toujours une limite à ce que nous pouvons savoir.

Bohr pressentait que la réalité ultime qui se cache derrière l'équation d'onde de Schrödinger n'est relative ni à l'onde ni à la particule, et ne peut donc être décrite quelle que soit la manière dont nous la considérons. Sa réponse consistait à admettre que rien n'existe avant la mesure. Mais une fois qu'une mesure est effectuée, le type d'expérience déterminera ce que nous observons. Si vous utilisez un instrument qui détecte la position spatiale de quelque chose, par exemple, vous verrez quelque chose occuper une position précise dans l'espace : cette entité que nous appelons particule.

Einstein n'a jamais accepté cette « interprétation de Copenhague » de la mécanique quantique. Son œuvre magistrale, la relativité, avait été conçue précisément pour créer une théorie qui fût indépendante de l'observateur. Le thème central de la relativité est que les lois de la physique doivent rester les mêmes, quel que soit le point de vue de l'observateur. L'idée que la nature physique de l'Univers serait dépendante de la manière dont nous l'observons offensait profondément sa sensibilité.

Le problème d'Einstein provenait du fait que la description des objets quantiques par le biais d'une équation d'onde signifie que, tout comme les ondes, ils peuvent interagir. Lorsque deux ondes interfèrent, elles produisent une « superposition », qui est la somme des ondes en tous points. Lorsque deux crêtes coïncident, la superposition est plus importante que les deux, prises séparément. Lorsque deux creux coïncident, le creux de l'onde devient plus profond. Si une crête coïncide avec un creux, le résultat est une onde plane.

Comment tout cela s'applique-t-il aux particules quantiques ? L'équation d'onde de Schrödinger stipule que, dans des circonstances appropriées, elles existent dans une superposition de différents états. Ainsi un électron circulant dans un anneau métallique peut tourner simultanément dans le sens des aiguilles d'une montre et dans le sens contraire. Un photon de lumière peut être polarisé – c'est-à-dire avoir son champ électrique orienté – dans n'importe quel nombre de directions simultanément. Un atome radioactif, qui se désintègre via un processus quantique, peut être dans une superposition des états « désintégré » et « non désintégré ». Bien que tout cela paraisse insensé, c'est ce que la théorie affirme.

Cela explique pourquoi Einstein et Schrödinger clamèrent que quelque chose devait manquer dans cette théorie. Et pour enterrer définitivement cette discussion, Schrödinger imagina l'expérience du chat. « Nous pouvons même définir des situations plutôt ridicules, écrivit-il dans un article de journal en 1935. Un chat est enfermé dans une boîte en acier... » Schrödinger poursuivit sa description de cette situation « ridicule » plus en détail, posant inconsciemment la pierre angulaire des interprétations ultérieures de la mécanique quantique.

Un chat en boîte

Dans le coffre scellé en acier, avec le chat, se trouvent une minuscule pièce de matériau radioactif et un compteur Geiger. À tout moment existe une certaine probabilité pour que le matériau radioactif émette une particule, déclenchant ainsi un courant électrique dans le compteur Geiger. Mais Schrödinger avait bricolé ce dernier pour qu'il relâche un marteau qui, à la moindre émission radioactive, aurait écrasé un flacon d'acide cyanhydrique, libérant des vapeurs mortelles pour le chat.

Selon Schrödinger, la description quantique du système entier, y compris tous les atomes qui constituent le chat, « aurait exprimé cela en contenant en elle-même le chat vivant et mort (pardon pour l'expression) mélangé ou répandu en parts égales ». La logique est implacable : la nature indéterminée de l'atome radioactif, dans une superposition d'états « désintégré » et « non désintégré », peut également placer le chat dans une superposition d'états mort et vivant.

L'EXPÉRIENCE DE PENSÉE DU CHAT DE SCHRÖDINGER.

Le choix de l'état final se fait lorsque le résultat de la mesure est porté à notre connaissance. Bohr affirmait qu'il n'existe aucune réalité définie tant qu'aucune mesure n'est effectuée, parce que le choix de l'instrument de mesure détermine quelle facette du système – onde ou particule, par exemple – verra l'observateur. Donc, selon le point de vue de Bohr, l'acte d'ouverture de la boîte et d'observation de l'état du chat le forcera à être vivant ou mort.

C'était ce que Schrödinger trouvait si ridicule : comment l'acte d'observation peut-il modifier une propriété si fondamentale d'un chat ? C'est l'un ou l'autre. Bohr avait été abusé, de la même manière qu'une photographie floue peut donner une impression de brouillard : « Il y a une différence entre une photographie floue et un cliché de nuages et de bancs de brouillard. »

À cette époque, cependant, l'interprétation de la mécanique quantique était déjà sujette à la querelle publique : Einstein et Bohr eurent un célèbre échange en 1927, lors de la cinquième conférence Solvay à Bruxelles. Einstein mit Bohr au défi avec une série d'expériences de pensée. Imaginez telle ou telle situation, disait-il : comment l'observation, ou l'interaction avec les appareils, peut-elle entraîner le fait qu'une superposition se résolve en un état ou l'autre ?

Ondes et projectiles

Une nouvelle version de la célèbre expérience de la « double fente » mit fin à cette discussion. En 1801, Thomas Young mit à bas la vision corpusculaire de Newton sur la lumière en éclairant un écran percé de deux fentes. Young observa un « motif d'interférence », qui ne pouvait s'expliquer que par la superposition des ondes. La version quantique de cette expérience s'interroge sur ce qui se passe lorsque vous réduisez l'intensité lumineuse à un point tel que la mécanique quantique entre en scène. Lorsqu'il n'y a qu'un seul projectile, ou « photon » de lumière, dans l'expérience à un instant quelconque, il ne peut y avoir d'interférence, n'est-ce pas ?

Selon la vision de Bohr, cela est possible – tant que personne ne cherche à voir par quelle fente passe le photon. Pour Bohr, la lumière n'est ni une onde ni une particule – ce sont des désignations que l'on attribue à quelque chose dont nous avons mesuré les propriétés. D'après l'équation d'onde de Schrödinger, les photons de lumière passent à travers les deux fentes. Bien qu'il soit une particule unique, chaque photon « s'étale » comme une onde, ayant réellement deux existences indépendantes quand il passe à travers les fentes. Tant que personne ne mesure la trajectoire que la lumière adopte, elle emprunte tous les chemins disponibles.

Vous pourriez considérer tout cela comme des expériences abstraites de pensée dont l'étrangeté s'évanouira une fois qu'elles seront réalisées dans le monde réel. Au ravissement de Bohr, vous auriez tort. La première expérience de la double fente avec une seule particule dans le dispositif, à un instant donné, ne fut effectuée que dans les années 1970 : une succession d'électrons, placés devant deux fentes, construisit peu à peu une figure d'interférence sur l'écran situé derrière les fentes.

Et de façon ahurissante, lorsqu'un instrument était utilisé pour déterminer quelle fente empruntait l'électron, la figure d'interférence disparaissait. Autrement dit, la mesure fait que l'électron se manifeste comme une particule, et non comme une onde. Cela peut sembler très éloigné du chat de Schrödinger – un chat, après tout, est une créature très différente d'un électron. Mais des expériences ultérieures ont été effectuées avec des particules quantiques de tailles toujours croissantes.

L'expérience quantique de la double fente a été effectuée avec des photons, des électrons, des atomes, et même des molécules de fullerène de 60 atomes. L'étrange effet d'interférence a toujours été présent, sauf si l'on tentait d'observer par quelle fente passait la particule. Des projets sont en cours pour la réaliser avec des objets beaucoup plus gros : un virus et peut-être quelque chose un million de fois plus gros que la molécule de fullerène. Excepté les difficultés inhérentes à la mise au point de ces expériences, il n'y a aucune raison fondamentale pour arrêter là : aucune cause ne permet de suggérer qu'un véritable chat ne devrait pas se comporter de la même manière qu'un électron, si l'on respecte les conditions requises et si l'on se donne deux fentes de la taille d'une chatière.

Mis à part, bien sûr, qu'il est facile de voir un véritable chat, et donc de déterminer quelle chatière il a traversée. Dans l'expérience de pensée de Schrödinger, la boîte doit rester fermée afin que personne ne puisse voir le chat, aucune mesure n'est réalisée et la superposition demeure intacte. Cela nous conduit à une question épineuse, que Bohr a toujours éludée : qu'est-ce qui fonde une mesure ? Avec le chat de Schrödinger, est-ce lorsque la boîte s'ouvre ? Est-ce quand les photons de lumière rebondissent sur le chat, relayant l'information qui nous permet de dire s'il est vivant ou mort ? Ou est-ce lorsque ces photons pénètrent dans nos yeux ? Ou lorsque nos consciences consignent l'état du chat ? La réponse de Bohr à ce mystère était, en résumé, que les physiciens savent exactement quand ils ont effectué une mesure. Toutefois, les versions modernes de l'expérience du chat de Schrödinger ont jeté beaucoup plus de lumière sur ce processus – et expliqué pourquoi un chat ne peut pas vraiment être à la fois mort et vivant.

Ne regardez pas maintenant

La frontière entre le monde « classique » que nous habitons et le monde quantique des atomes vient des ondes de de Broglie qui ont donné naissance à toute cette histoire. La longueur d'onde de de Broglie d'un corps, qui dépend de sa quantité de mouvement, fournit une mesure de l'échelle à laquelle il se manifestera comme une onde quantique.

Dans l'expérience de la double fente, la molécule de fullerène possède une longueur d'onde de de Broglie d'environ 10^{-12} mètre, soit mille milliardièmes de mètre. L'écartement entre les fentes est environ un demi-million de fois plus grand que cette valeur : plus grand certes, mais pas tant que cela. Cela signifie que ce système est convenablement exposé au comportement ondulatoire, et reste conforme à la proposition de Bohr stipulant que le choix de l'appareil de mesure détermine quelles caractéristiques se manifesteront. Mais cela révèle en fait deux explications concernant le fait qu'un chat ou une personne ne peut pas – contrairement à la molécule de fullerène – sembler être à deux endroits en même temps.

La première raison est d'ordre pratique. En se dirigeant vers un mur à quelques kilomètres par heure, par exemple, le chat de Schrödinger aurait une longueur d'onde d'environ 10^{-28} mètre. Son comportement quantique, ondulatoire, ne serait révélé que par un dispositif de mesure d'une échelle analogue. Comme nous n'avons jamais fabriqué un tel appareil, nous ne pouvons pas percevoir ce comportement quantique. La vie quotidienne est, selon Bohr, une situation expérimentale qui manifestera toujours la nature corpusculaire de tout ce qui nous entoure.

La seconde raison au fait que nous soyons « classiques » est que nous émettons du rayonnement. Tout ce qui possède une température supérieure au zéro absolu, -273 °C, émet des photons, des paquets d'énergie qui emportent de la chaleur. Les expériences ont montré que ce rayonnement peut être utilisé pour trouver l'emplacement de l'objet, révélant effectivement par quelle fente il passe. Autrement dit, à une température supérieure au zéro absolu, vous ne pouvez pas refermer la boîte sur le chat de Schrödinger, violant ainsi l'hypothèse de départ de l'expérience de pensée dès que vous la transposez dans le monde réel.

Ces expériences ont été réalisées en projetant des molécules de fullerène vers une double fente. Plus la molécule de fullerène est chaude en s'approchant des fentes, plus la figure d'interférence est floue. La molécule chaude émet des photons, et l'énergie des photons diffusés est déterminée par leur température. Une température plus élevée donne essentiellement une énergie plus importante, ce qui se traduit, dans les termes de de Broglie, par une longueur d'onde plus courte. Et plus la longueur d'onde du rayonnement émis est courte, plus il est facile d'en déduire la position de la molécule qui rayonne. En d'autres termes, un corps chaud semble fournir plus d'informations concernant la fente qu'il est susceptible de traverser.

La même chose se produit si les molécules de fullerène entrent en collision avec les molécules d'air durant leur trajet vers les fentes. Normalement les expériences sont réalisées dans un vide poussé, mais si le vide n'est pas suffisant, et si la position du fullerène peut être déduite en observant ses effets sur les molécules d'air, la figure d'interférence s'évanouit. Une nouvelle fois, comme il devient possible de déduire à travers quelle fente la molécule est passée, sa faculté de passer par les deux en même temps commence à disparaître. Dans un vide partiel, le fullerène se conduit comme si quelqu'un avait laissé la boîte à demi ouverte, forçant le chat à être soit vivant soit mort, mais pas les deux.

Ainsi, l'information n'a pas besoin d'entrer dans un esprit conscient pour constituer une mesure : elle a juste besoin de quitter le système en cours d'examen. Il apparaît qu'un flux d'informations concernant le statut du chat de Schrödinger est suffisant pour le forcer à choisir entre les deux états disponibles. Partout où il y a des hommes et des chats dans cette situation, cette information s'échappe parce que nos corps interagissent avec notre environnement de multiples façons, rayonnant de la chaleur et frappant les molécules d'air environnantes. L'information sur la position de nos corps est affichée, ce qui signifie que nous ne pouvons nous trouver en deux endroits à la fois. Les scientifiques

> *« Quiconque n'est pas choqué par la mécanique quantique ne la comprend pas. »*
>
> NIELS BOHR

appellent cette fuite d'informations la « décohérence ». Ce n'est pas une question anodine : elle pourrait lever un coin du voile sur la véritable nature de l'Univers.

CALCULER AVEC DES CHATS

L'idée sous-jacente à l'ordinateur quantique consiste à tirer parti du phénomène du chat de Schrödinger pour réaliser des calculs à grande échelle. Les ordinateurs classiques utilisent l'état de la charge d'un condensateur pour représenter un nombre sous forme binaire : 0 ou 1. Les ordinateurs quantiques, en revanche, utilisent l'état d'un atome. S'il est dans son état normal, c'est 0. Si on lui fournit un peu d'énergie supplémentaire, c'est 1. Mais en tant qu'objet quantique, l'atome peut être dans une superposition de 0 et 1 en même temps.

En utilisant un autre phénomène quantique que nous appelons « intrication », qui permet d'enchaîner plein d'atomes en superposition, les chercheurs en informatique quantique peuvent créer un chapelet de nombres indéterminés qui, lorsqu'on les fait passer par une succession d'étapes, exécutent les calculs sur tous les nombres possibles en même temps. L'informatique quantique est un procédé permettant de « paralléliser » des calculs à une échelle sans précédent. En théorie, une chaîne intriquée de seulement 250 atomes, chacun dans un état de superposition comme le chat de Schrödinger, peut encoder plus de nombres qu'il n'y a d'atomes dans l'Univers. Le potentiel est colossal. On comprend pourquoi les gouvernements cherchent à protéger leurs codes de sécurité des concepteurs du premier ordinateur quantique.

Cependant, la nature de l'intrication et de la superposition rend les atomes particulièrement vulnérables à la perte d'information, et lorsque c'est le cas, le calcul vole en éclats. Si les chercheurs pouvaient mieux appréhender la décohérence, et savoir pourquoi nous ne voyons jamais de chats vivants-et-morts, ils pourraient ouvrir la voie à une révolution en informatique.

Information et réalité

Les physiciens qui travaillent sur l'énigme du chat de Schrödinger se demandent maintenant si elle souligne le fait que l'information est l'élément le plus fondamental de la réalité. La mécanique quantique, sous la forme de ce malheureux chat, suggère que l'Univers peut être décrit comme une gigantesque machine de traitement de l'information. Et cela conduit également à des applications potentielles. Le rôle de l'information dans la théorie quantique nous a conduits à l'un de nos projets technologiques les plus ambitieux : la quête de la construction d'un processeur superpuissant que l'on appelle ordinateur quantique (voir encadré « Calculer avec des chats »).

Aussi performant qu'il puisse être, l'ordinateur quantique est incapable de nous aider à comprendre comment un chat peut réellement être vivant et mort en même temps. L'idée qu'il s'agit d'une partie intégrante de la nature de la réalité physique demeure véritablement choquante pour l'esprit humain. Wolfgang Pauli, qui n'avait pas renoncé à la physique et qui devint l'un des physiciens les plus brillants de l'histoire de la science, avait raison : la mécanique quantique est vraiment trop compliquée à appréhender.

POURQUOI UNE POMME CHUTE-T-ELLE ?

La gravitation, la masse et l'énigme de la relativité

À cause de la gravité, bien sûr ! Tout le monde sait cela. Mais quelle est la nature fondamentale de la gravité ? Il est bien plus difficile de répondre à cette question, bien que, de toutes les forces fondamentales de la nature, la gravitation soit celle qui s'impose le plus facilement à notre conscience.

Voici une expérience que vous pourrez tenter à la maison. Vous aurez besoin d'un bébé de six mois (vous pouvez l'emprunter à quelqu'un que vous connaissez). Attachez un jouet du bébé – disons un hochet – au bout d'un fil de pêche. Suspendez-le au plafond afin que le jouet repose légèrement sur une chaise, le fil étant tendu et invisible. Faites en sorte que le bambin observe ce que vous faites lorsque vous retirez brutalement la chaise. Regardez les yeux de l'enfant : alors que, sans raison apparente, le hochet ne tombe pas sur le sol, le bébé continuera à le fixer bien plus longuement que la normale.

Selon les psychologues, c'est ainsi que le bébé exprime sa stupéfaction. En effet, depuis notre plus jeune âge, nous savons que les objets doivent chuter vers le sol lorsque nous ne les retenons pas. Nous sommes donc déroutés lorsqu'ils ne tombent pas. Il n'est pas étonnant que les tours de lévitation des illusionnistes de l'époque victorienne aient fasciné une génération entière. Quand les choses se jouent de la gravité, nous le ressentons au plus profond de nous comme une transgression délicieuse.

Il n'est pas possible de tricher avec la gravité. Nous ne pouvons pas, contrairement au champ électrique ou magnétique, la bloquer. Nous ne pouvons pas non plus la neutraliser avec une force opposée – il semble qu'en physique rien ne nous dote de l'antigravité. La loi de la gravitation est si centrale dans notre expérience que nous sommes devenus fondamentalement inconscients de la présence de la gravité. C'est seulement en son absence – ou, plutôt, son absence apparente – que nous nous souvenons qu'elle est toujours là.

C'est peut-être pour cette raison que les premières aventures de la science ignorèrent largement la gravité. Comme nous le comprenons aujourd'hui, un seul type d'action gouverne la chute d'un homme, le vol arqué d'une flèche et le mouvement des planètes. Mais l'ouvrage d'Aristote *La Physique* ne fait aucune allusion à une force universelle qui orchestrerait l'Univers. Il suggère que les objets ne tombent pas sur Terre à cause du « poids » de celle-ci, mais son raisonnement est bancal. Il suggère que l'intensité de l'attirance exercée par la Terre dépend de la grosseur de l'objet et de ce dont il est constitué.

Selon la vision d'Aristote, les objets lourds chutent plus rapidement que les objets légers, en rapport avec l'obsession des Grecs pour les éléments : la terre, l'air, le feu et l'eau. La plupart des objets lourds que connaissait Aristote étaient constitués des matériaux trouvés sur Terre, et l'attirance plus forte, disait-il, provenait du fait qu'ils étaient contraints d'y retourner. Après ce raisonnement erroné, notre compréhension n'a pas vraiment évolué pendant presque deux mille ans. Pourtant, le savant italien Galilée parvint finalement à établir qu'Aristote avait tort : les objets lourds ne sont pas davantage attirés par la Terre. Si nous négligeons la résistance de l'air, tous les objets chutent à la même allure, qu'ils soient lourds ou légers.

Aussi simple est la chute

Malheureusement, les récits romanesques sur la démonstration de Galilée – il aurait lâché des boulets de canon du haut de la tour penchée de Pise – ne sont pas authentiques. Néanmoins, une démonstration encore plus spectaculaire en a été faite en 1971, lorsque David Scott, un astronaute d'*Apollo 15*, apporta son tribut à cette découverte profonde en faisant tomber un marteau et une plume de faucon à la surface de la Lune, tout en rendant un hommage appuyé à Galilée. Bien entendu, le marteau et la plume touchèrent le sol en même temps.

> *« Une des raisons pour lesquelles nous sommes là aujourd'hui est due à un gentleman appelé Galilée. »*
>
> DAVID SCOTT

Le jugement de Scott était presque exact : il manquait vraiment peu de chose à la perspicacité de Galilée au XVIIe siècle pour nous permettre d'aller sur la Lune. Le reste fut découvert par un homme né un an précisément après la mort de Galilée : Isaac Newton. Celui-ci mit un peu plus d'une vingtaine d'années pour réunir toutes les informations nécessaires au parcours que les astronautes des missions Apollo emprunteraient quatre siècles plus tard. Et c'est là que la pomme entre en scène.

Si les récits des expériences de Galilée sur la tour de Pise sont douteux, ceux concernant l'intuition de Newton sur la gravitation à la vue d'une pomme chutant d'un arbre sont probablement avérés. C'était la fin de l'été 1666, et Newton était assis dans son jardin du manoir de Woolsthorpe, dans le Lincolnshire, dont le pommier portait invariablement ses fruits chaque automne.

Une pomme chute parce qu'elle possède une propriété appelée masse, tout comme la Terre. Le grand bond en avant de Newton consista précisément à expliquer comment tout ce qui possède une masse attire tout ce qui est également doté d'une masse. Sa loi de la gravitation universelle, élaborée à seulement 23 ans, postule que la force attractive dépend de la masse des deux objets, de la distance les séparant et d'une constante notée G.

En fait les physiciens sont très familiers avec la constante gravitationnelle et l'appellent « grand G » pour la distinguer de (petit) *g*, l'accélération due à l'attraction gravitationnelle de la Terre. Cependant, malgré cette familiarité, G est la constante fondamentale la moins bien définie de toutes.

On connaît la valeur de G, comme celle de toutes les autres constantes fondamentales, non pas à travers des argumentations théoriques, mais par le truchement de mesures. Le physicien anglais Henry Cavendish fut le premier à la mesurer, en 1798, en analysant l'attraction gravitationnelle entre deux masses connues se situant à une distance connue l'une de l'autre. Sa réponse fut que G vaut 6,754 x 10^{-11} $m^3/kg/s^2$. Aujourd'hui, G vaut officiellement 6,674 28 x 10^{-11} $m^3/kg/s^2$. L'incertitude sur cette mesure est d'environ 1 partie pour 10 000, à comparer avec la précision atteinte pour les autres nombres fondamentaux : par exemple, la constante de Planck utilisée en mécanique quantique est connue à 2,5 parties pour 100 millions.

Deux raisons expliquent pourquoi G est si difficile à mesurer avec précision. La première est qu'il est impossible de faire abstraction des champs gravitationnels en utilisant toute la physique connue. Autrement dit, n'importe quelle mesure doit prendre en considération l'influence de chacun des objets situés alentour, sans en oublier, ce qui rend les mesures déraisonnablement sensibles aux influences externes, même faibles. Pour cette raison, les mesures de la gravité doivent être effectuées dans des laboratoires isolés en utilisant des instruments extraordinairement sensibles.

Le second écueil avec la mesure de la constante G est lié au fait que la gravité est la plus faible des forces fondamentales. Lorsque la pomme tombe sur le sol, elle le fait avec une accélération relativement petite, bien que la masse de la planète tout entière l'attire vers le bas.

Si vous n'êtes pas convaincu de la faiblesse de la gravité – peut-être avez-vous déjà fait un saut en parachute, ou des montagnes russes, et ressenti une accélération terrifiante –, songez aux aimantins qui agrémentent la porte de votre réfrigérateur. La masse de la planète tout entière œuvre pour les attirer vers le sol, et pourtant un disque de fer aimanté de la taille d'un bouton peut résister à son attraction. Le magnétisme provient de l'interaction électromagnétique entre des particules chargées situées dans un aimant. Et cette force est environ 10^{42} (soit environ 1 million de milliards de milliards de milliards de milliards) fois plus intense que la force gravitationnelle. Donc G est incroyablement petit. Pourquoi donc ? Même si la faiblesse de la gravité est l'une des énigmes centrales de la physique, nous disposons bien de quelques indices qui pourraient en rendre compte. Le meilleur étant que la gravité « s'écoule » vers notre Univers ou en dehors de celui-ci.

Affluer d'un autre monde

Diverses branches de la physique moderne suggèrent qu'il existe beaucoup plus de dimensions d'espace que les trois (haut-bas, droite-gauche et avant-arrière) qui nous sont familières. Une des conséquences en est que certaines forces peuvent se « diluer » par étalement dans ces dimensions supplémentaires. Si la force gravitationnelle est faible, ce pourrait être parce qu'elle « s'étale » plus facilement que les autres.

Ces dimensions supplémentaires seraient « recroquevillées » – enroulées en quelque sorte – et si minuscules que nous ne les percevons pas dans la vie de tous les jours. Il s'agit pour le moment d'une simple hypothèse, mais plusieurs chercheurs essaient de trouver des preuves en ce sens. Une piste consiste à examiner la manière dont l'attraction gravitationnelle entre deux objets varie avec la distance qui les sépare.

Newton a démontré que la gravité suit une « loi en l'inverse du carré », c'est-à-dire que la force gravitationnelle qu'un objet exerce sur un autre décroît proportionnellement au carré de la distance qui les sépare. Éloignez deux objets d'un mètre, et mesurez la force gravitationnelle qui les lie. Éloignez-les ensuite de deux mètres de plus, et mesurez à nouveau l'attraction. Elle sera neuf fois plus faible car les objets sont trois fois plus éloignés.

Les dimensions cachées s'immiscent dans notre monde aux échelles submillimétriques. Si la gravité ne se comporte pas comme à l'ordinaire à ces échelles très petites (la loi en l'inverse du carré n'est plus valide lorsque les masses sont séparées de seulement quelques millièmes de millimètre), ce pourrait être parce que ces dimensions interfèrent avec la matière. En identifiant, à ce niveau, un écart, aussi petit soit-il, nous pourrions obtenir des preuves à l'appui de nos théories les plus audacieuses.

C'est pourquoi les physiciens sont en train de réaliser les expériences les plus sophistiquées pour sonder la gravité aux échelles microscopiques. Jusqu'à présent, cependant, ils n'ont découvert aucune preuve de violation de la loi en l'inverse du carré. C'est une humiliation certaine, car l'un des rôles de ces théories avancées multidimensionnelles vise à améliorer notre meilleure théorie de la gravitation, la relativité d'Einstein.

La gravitation est relative

La théorie de la relativité d'Einstein façonne l'espace et le temps en un tissu quadridimensionnel. Elle affirme que la présence d'une masse ou d'énergie déforme ce tissu. Là où Newton déclare que des corps en mouvement se déplacent en ligne droite tant qu'ils ne subissent pas de force, Einstein ajoute une subtilité : ils se déplacent bien en ligne droite dans l'espace, mais doivent se conformer à toutes les distorsions de cet espace.

La déformation engendrée par la masse du Soleil, par exemple, implique qu'une planète en mouvement située à proximité sera attirée sur une trajectoire incurvée. Ajustez les masses et la vitesse de déplacement, et vous obtenez une orbite. Par conséquent, selon l'idée d'Einstein, la gravitation est une sorte d'illusion. Bien qu'elle apparaisse comme une force qui agit à travers l'espace et le temps, elle est en vérité plus attachée à des caractéristiques topographiques – des monts et des vallées – qui s'ajoutent au paysage, caractéristiques qui font qu'il est difficile de voyager dans certaines directions, et plus facile de se mouvoir dans d'autres.

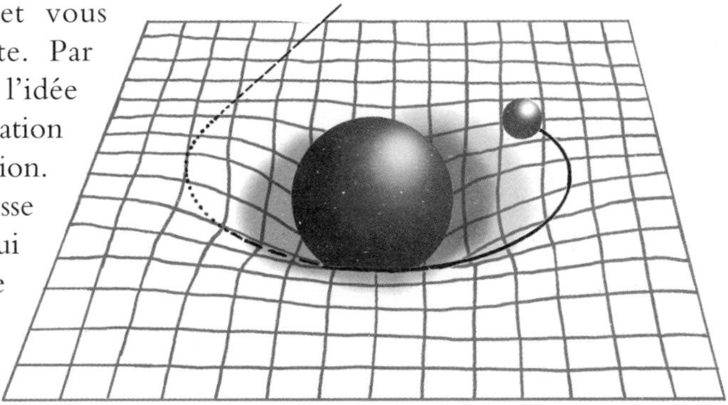

LA GRAVITATION EST UNE DISTORSION DE L'ESPACE-TEMPS.

Bien que tout cela s'appuie sur de nombreux résultats expérimentaux, nous savons que ce n'est pas l'ultime réponse. D'une certaine manière, Einstein nous a seulement expliqué, par une description intelligente, *comment* fonctionne la gravitation. Le *pourquoi* demeure une question ouverte. Il y a un espoir, cependant. La relativité, dans sa forme actuelle, n'est pas compatible avec la mécanique quantique. Nous devrons patienter avant qu'une certaine théorie de la « gravitation quantique » unisse les deux à l'avenir. Et cette théorie nous expliquera vraisemblablement le *pourquoi* de la gravité, de même que nous avons récemment commencé à comprendre le *pourquoi* de la masse.

Jusqu'ici, nous avons allègrement discuté de la masse, tout en évitant la question qui saute aux yeux : que veut dire « avoir une masse » ?

Les physiciens classent les masses en deux catégories distinctes. La première, la « masse gravitationnelle », est ce qui engendre les champs gravitationnels et y réagit. C'est ce qui fait que la pomme tombe. L'autre, la « masse inertielle », mesure la difficulté qu'il y a à déplacer quelque chose de son état courant de mouvement ou de repos. Lorsque vous essayez de pousser une voiture en panne, sa masse inertielle s'oppose à vous.

D'après ce que nous savons, les masses inertielle et gravitationnelle sont parfaitement équivalentes. Imaginez que vous soyez debout sur Terre dans la cabine fermée d'un ascenseur immobile. Vous ressentez la poussée du plancher puisque votre masse gravitationnelle répond à l'influence de la gravité. Imaginez maintenant que cet ascenseur se trouve dans l'espace, loin de tout champ gravitationnel, muni d'un moteur de fusée qui accélère à 9,81 m/s^2, la valeur de l'accélération due à la gravité à la surface de la Terre.

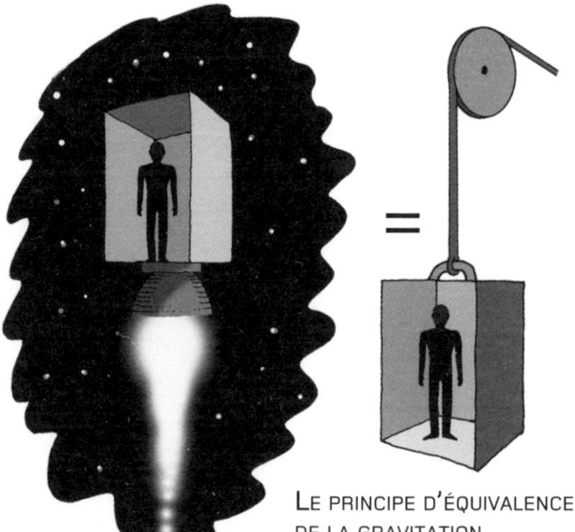

LE PRINCIPE D'ÉQUIVALENCE DE LA GRAVITATION.

Vous ne ressentirez aucune différence, affirme Einstein. Ce « principe d'équivalence », qui stipule qu'il n'existe aucune distinction entre masse gravitationnelle et masse inertielle, est une pierre angulaire de la relativité générale. Même si nous ne détenons aucune preuve irréfutable que cela soit parfaitement exact, les expériences ont montré que ce principe est certainement vrai à au moins une partie pour 10^{12}. Mais une décennie avant d'inventer la relativité générale, Einstein avait posé une autre question à propos de la masse. En 1905, son « année miraculeuse », alors qu'il publiait également sa théorie de la relativité restreinte, il trouva une intéressante piste d'investigation. Il se demanda, dans un article de référence, si l'inertie d'un corps dépend de son contenu en énergie.

L'énergie du poids

Ce fut l'origine de l'équation la plus célèbre au monde : $E = mc^2$ (voir « Pourquoi $E = mc^2$? »). Selon Einstein, l'énergie et la masse sont interchangeables. Il nous a fallu presque un siècle pour que nous comprenions, grâce à cette équation, que l'énergie est en fait la source de la masse. Considérez la pomme, par exemple. Sa masse réside dans ses constituants : ce sont, en allant vers des échelles de plus en plus petites, des molécules, qui sont composées d'atomes, eux-mêmes constitués d'électrons, de protons et de neutrons.

L'origine de la masse de l'électron (qui ne vaut qu'un millième de la masse du proton et du neutron) reste un mystère. Quant à celle de la masse du proton et du neutron, les physiciens commencent à la comprendre. Chacune de ces particules est composée de trois particules appelées quarks, dont la masse totale rend compte d'environ 1 % seulement de la masse du proton ou du neutron. Le reste provient du mystérieux monde quantique des « particules virtuelles » voleuses d'énergie.

Dans l'infiniment petit, les règles sont radicalement différentes de celles que nous rencontrons dans notre vie de tous les jours. Un phénomène appelé « principe d'incertitude de Heisenberg » y règne en maître, et produit d'étranges propositions. L'une d'elles précise que rien ne possède une quantité déterminée d'énergie, même quand celle-ci est nulle. L'énergie fluctue autour de zéro, permettant à l'espace apparemment inoccupé – quelque chose que les physiciens appellent le « vide » – de fourmiller de particules qui jaillissent puis disparaissent.

Ces particules apparaissent par paires : une particule et son antiparticule, spontanément procréées du fait que l'énergie du vide de l'espace fluctue autour de zéro. D'après une branche de la physique appelée la « chromodynamique quantique » ou QCD (Quantum ChromoDynamics), les particules peuvent naître avec des quantités variables d'énergie, arborant un spectre caractéristique. Parfois elles forment ce que les physiciens nomment des « gluons ». Ces derniers engendrent la force nucléaire forte, qui lie les quarks ensemble pour former un proton ou un neutron. Et c'est l'énergie des gluons qui donne à la pomme la plus grande partie de sa masse. La détermination précise de la valeur de la masse provenant de l'énergie de toutes ces particules virtuelles a demandé le traitement de combinaisons d'environ 10 000 millions de millions de nombres. Lorsque les événements se sont produits, cependant, ils représentaient quelques pour cent des masses expérimentalement enregistrées pour ces particules.

L'énergie associée aux gluons, convertie via la formule d'Einstein $E = mc^2$, équivaut à pratiquement toute la masse d'un proton ou d'un neutron. La petite partie manquante correspond à la masse mystérieuse de l'électron, à une contribution d'autres particules virtuelles, comme les paires de quarks et antiquarks virtuels, et au boson de Higgs (voir « Qu'est-ce que la particule de Dieu ? »). Ainsi, la masse de la pomme – et celle de la Terre – est essentiellement une manifestation de l'énergie du vide.

Le triomphe de la chromodynamique quantique à parvenir à établir l'origine de la masse a donné espoir aux physiciens : des idées analogues nous conduiront à l'ultime *pourquoi* de la gravitation, le graviton. Les forces électrique et magnétique se manifestent entre les atomes par l'échange de paquets d'énergie appelés photons. La force nucléaire forte apparaît avec les gluons. On sait que la force nucléaire faible résulte de l'échange de particules chargées d'énergie appelées bosons W et Z. Ils ont tous été observés dans les expériences. On pense que la gravitation repose sur l'échange de particules nommées « gravitons », mais elles demeurent hypothétiques car, malgré tous nos progrès intellectuels, nous n'en avons encore jamais observé.

Cependant, une question beaucoup plus déconcertante et fondamentale reste sans réponse. Aussi étrange que cela puisse paraître, bien que les esprits les plus inventifs, les plus gros ordinateurs et les plus grandes théories de la physique nous aient révélé l'origine de la masse, nous n'avons toujours pas de procédé convenable pour mesurer cette chose précise sur laquelle agit la gravité : la masse. Toutes les autres unités de mesure standard possèdent un fondement précis, atomique. La seconde est basée sur un certain nombre d'oscillations d'un atome de césium. Le mètre est la distance que la lumière parcourt durant une fraction déterminée de cette seconde. Le kilogramme, quant à lui, est la masse d'un morceau de métal que l'on conserve sous scellés dans un coffre près de Paris.

Le kilo variable

Ce n'est bien évidemment pas n'importe quel coffre : il est conservé dans le sanctuaire du Bureau international des poids et mesures (BIPM) à Sèvres. Et ce n'est pas n'importe quel métal non plus : c'est un cylindre de platine, choisi pour être le matériau disponible le plus stable et résistant à la corrosion. La masse de ce cylindre de platine est le kilogramme à partir duquel tous les autres kilogrammes sont calibrés. Le problème est que sa masse varie. Les métrologues en ont réalisé des douzaines de répliques, et l'original ne fait plus le même poids. Il y a environ cent microgrammes de différence, soit approximativement la masse de quelques grains de sel. Les chercheurs élaborent des plans pour aligner le kilogramme avec les autres standards, par l'utilisation de mesures atomiques. Un espoir serait de créer une sphère polie de silicium contenant un nombre déterminable d'atomes. Le kilogramme serait alors défini comme étant la masse d'un certain nombre d'atomes de silicium.

Une autre solution consiste à utiliser quelque chose que l'on appelle une balance du watt, pour mesurer la masse en fonction de l'énergie. Einstein nous a appris que la masse et l'énergie sont interchangeables : la balance du watt en tirerait profit en mesurant la masse par rapport à l'énergie contenue dans un champ électromagnétique soigneusement configuré. Néanmoins, en attendant que ces projets arrivent à maturité, nous sommes condamnés à incorporer des nombres légèrement inexacts dans la formule de Newton.

La gravité représente tout pour nous : elle attire des particules ensemble pour modeler la Terre, elle nous maintient en orbite autour de notre astre, source de vie, elle génère les marées qui permirent à la vie de se développer et de se déplacer sur la terre ferme. Et maintenant, par retour d'ascenseur, nous tirons parti de nos esprits façonnés par la gravité pour faire des découvertes extraordinaires sur la nature fondamentale de cette attraction. En même temps, cependant, nous ne détenons que des outils primitifs pour la mesurer. Tandis que nous pouvons discuter des gluons situés à l'intérieur de la structure nucléaire des atomes qui constituent la pomme, nous ne pouvons pas être très précis sur la valeur de son poids. L'essence de la gravité demeure délicieusement difficile à apprivoiser.

LES SOLIDES SONT-ILS VRAIMENT SOLIDES ?

Les atomes, les quarks et les solides qui glissent entre vos doigts

Si le monde entier était constitué de gaz, nous n'existerions pas. La manière dont notre corps est agencé, la façon dont l'information est stockée dans la structure de l'ADN, le processus selon lequel notre cerveau traite puis conserve l'information, exigent tous que les atomes se trouvent à un emplacement fixe, et non qu'ils flottent librement où bon leur semble. La vie, du moins telle que nous la connaissons, requiert la solidité. Mais qu'est-ce qu'un solide ?

Dans un gaz, les liaisons entre les atomes ou les molécules sont extrêmement faibles ou inexistantes. Dans un liquide, elles sont faibles, ce qui les autorise à glisser les unes par rapport aux autres. Dans un solide, en revanche, des liaisons électrostatiques fortes maintiennent les particules ensemble. Mais ce n'est pas ce qui rend solide un solide. Placez votre main devant votre visage. Elle paraît assez solide, n'est-ce pas ? Mais pour les neutrinos, ces particules subatomiques qui abondent dans l'Univers, votre corps est loin d'être solide. Chaque seconde, des milliers de milliards d'entre eux vous traversent sans interagir avec un seul atome de votre corps. Les progrès scientifiques ont mis en évidence le fait que la grande majorité de notre matière solide est vide. Nous avons même inventé des matériaux solides qui ont la faculté fantomatique de s'interpénétrer. La science expérimentale nous enseigne que le concept de « solide » est, au mieux, insaisissable.

Nos cerveaux, autres masses de matière atomique solide, ont été capables de le vérifier encore mieux que nos expériences. Bien que nous n'en ayons pas encore la certitude, notre connaissance la plus avancée conduit à une conclusion remarquable : il n'existe rien qui soit solide. Chaque fragment de matière est, au fond, le résultat d'une fluctuation aléatoire de l'énergie dans l'espace et le temps. La solidité est, à la base, une illusion.

LE DIAMANT ET LES ÉLÉMENTS QUI LE CONSTITUENT.

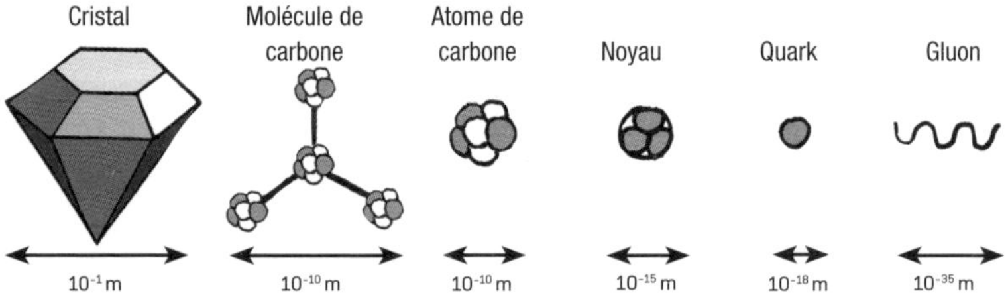

Pour commencer, explorons un diamant, un solide particulièrement robuste. C'est le matériau naturel le plus dur, employé comme outil pour découper les métaux les plus résistants. Qu'est-ce qui fonde sa solidité ? : sa structure moléculaire, qui le rend particulièrement dur. Ses atomes de carbone, disposés à environ 10^{-10} mètre les uns des autres, sont liés selon un arrangement tétraédrique rigide. Parce que ce sont les électrons périphériques dans l'atome qui forment ces liaisons, il ne sera pas surprenant d'apprendre que c'est approximativement la taille de l'atome. Mais cela ne fait pas de lui un véritable solide. Il est temps pour nous d'explorer le monde étrange de la structure atomique.

Le premier savant qui semble avoir étudié cette question est Démocrite. Il était un philosophe grec plutôt qu'un scientifique, mais il fit une conjecture concernant la nature de la matière. Toute la matière, suggéra-t-il, peut être divisée un très grand nombre de fois, jusqu'à une certaine limite. Au niveau le plus fondamental se cachait le concept d'*atomos*, d'où nous tenons notre terme atome. Selon Démocrite, les *atomos* étaient les particules ne pouvant pas être coupées en deux, détruites ou modifiées d'une quelconque façon.

Les choses en restèrent là jusqu'au tout début de la révolution industrielle. Avec l'avènement du télescope, nous avions appris à sonder les cieux, mais nous n'avions pas progressé dans la connaissance de l'origine de la matière. Pour cela, il nous fallait des outils nous permettant d'agir sur la matière à l'échelle atomique.

À l'intérieur de l'atome

C'est John Dalton, un instituteur anglais, qui sonna le départ de la recherche sur l'atome. Vers la fin du XVIIIe siècle, il postula que tout élément pur est un assemblage d'atomes identiques, ayant tous les mêmes propriétés. Les réactions chimiques, précisa-t-il, rassemblent deux espèces distinctes d'atomes pour former une molécule. Dalton confirma ses idées à l'aide d'expériences chimiques qui déterminaient l'abondance des éléments situés dans certaines substances, comme le dioxyde de carbone : une partie de carbone pour deux parties d'oxygène.

Le concept d'atome conduisit lui-même aux processus sous-jacents à la révolution industrielle, permettant aux pionniers de la thermodynamique de réfléchir sur la pression des gaz et les vitesses de transfert de chaleur qui faisaient fonctionner les machines. Mais

L'ÉLECTRON EST-IL SACRÉ ?

L'histoire de la physique a porté une série de coups à nos espoirs de découvrir les particules fondamentales de la matière. La découverte qu'un atome peut être divisé, et les découvertes ultérieures sur le noyau et toutes ses composantes nous ont fait pénétrer de plus en plus profondément dans l'énigme de la solidité. L'unique chose que nous pensions être fondamentale est la charge négative de l'atome, l'électron. Mais même là, nous avons maintenant des doutes.

En 1998, un trio de physiciens reçut le prix Nobel de physique pour avoir démontré que l'électron pourrait se comporter comme s'il était divisé en trois parties. Il n'est toujours pas évident que celui-ci puisse véritablement se diviser, mais il est de toute façon source de mystère. Nous n'avons pas d'idée, par exemple, sur la provenance de sa masse. Depuis que nous avons découvert que les protons et les neutrons peuvent être cassés, et que leur masse provient finalement de fluctuations quantiques, lorsqu'on en vient à la solidité de l'électron, tous les paris restent ouverts.

nous ne savions toujours pas s'il était possible de pénétrer à l'intérieur de l'atome. À l'époque de l'Empire britannique, de la locomotive à vapeur et de l'industrialisation massive, la science de l'atome n'avait guère évolué par rapport à l'idée grecque d'une substance insécable.

Trois développements ont presque simultanément bouleversé cette vision. Les recherches du physicien anglais Joseph J. Thomson révélèrent l'existence de particules, qu'il appela des « corpuscules », qui étaient chargées négativement et étaient 2 000 fois plus légères que le plus léger des atomes. Grâce à cette découverte, nous avions finalement mis la main sur quelque chose – que nous appelons dorénavant l'électron – qui était plus petit qu'un atome.

En 1904, Thomson suggéra que les atomes étaient un mélange de parties positives et négatives formant une sorte de structure en « plum pudding ». À peu près au même moment, à Paris, Pierre et Marie Curie et Henri Becquerel découvraient la radioactivité. Leurs recherches ultérieures montrèrent qu'une partie au moins de cette activité provenait de l'émission de particules chargées depuis les atomes. Entre-temps, en Angleterre, l'ambitieux Néo-Zélandais Ernest Rutherford allait accomplir, en seulement quelques décennies de recherches, les plus grands progrès dans la compréhension de la structure de l'atome depuis des millénaires.

> *« C'était comme si vous aviez tiré un obus de 15 pouces sur une feuille de papier de soie, et qu'il soit retourné en arrière pour vous frapper. »*
>
> ERNEST RUTHERFORD

La découverte la plus significative fut probablement que le modèle en « plum pudding » de l'atome de Thomson était entièrement faux. Rutherford projeta des particules de rayonnement alpha positivement chargées – des atomes d'hélium débarrassés de leurs électrons – sur une fine feuille d'or. Presque toutes les particules alpha passaient directement à travers. Certaines, toutefois, étaient fortement déviées. Mais ce qui bouleversa réellement Rutherford, c'est qu'un petit nombre rebondissait en arrière, vers l'émetteur.

Bombe nucléaire

Selon Rutherford, une seule interprétation de ce résultat extraordinaire était possible. Quelques-uns des atomes d'hélium chargés positivement se trouvaient projetés directement sur une concentration de charges positives et étaient fortement repoussés. La majorité du volume de l'atome était vide, mais au centre se concentrait toute la charge positive – et pratiquement toute la masse. Rutherford venait de découvrir le noyau atomique.

> *« Le noyau dans l'atome est tel un moucheron dans le Royal Albert Hall. »*
>
> ERNEST RUTHERFORD

Cette vacuité de l'atome est difficile à saisir, elle fournit notre premier indice sur l'illusion de la solidité. Le noyau dans l'atome, disait Rutherford, est « tel un moucheron dans le Royal Albert Hall » ou, comme d'autres autour de lui le décrivaient, « la mouche dans la cathédrale ». C'est un vide monstrueux : si le noyau était de la taille d'une petite pomme, le diamètre du bord de l'atome, défini par l'orbite la plus externe de ses électrons, serait de 3 km. Chaque électron, dans ce cas, serait plus petit que le point final de cette phrase. Nous pouvons appréhender cette vacuité d'une autre manière. Si nous pouvions retirer l'espace vide dans les atomes, en comprimant les noyaux d'hydrogène qui occupent le volume d'une pièce de 5 centimes jusqu'à ne laisser aucun espace entre eux, nous obtiendrions un objet de la taille de cette pièce qui pèserait plus de 30 millions de tonnes.

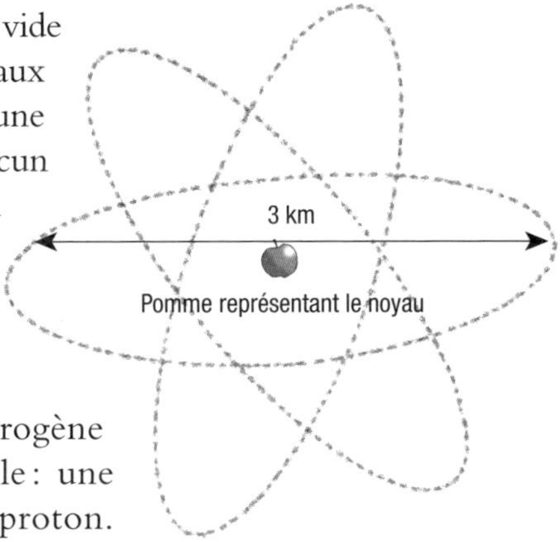

LE VIDE DANS L'ATOME.

À l'intérieur du noyau

Étant l'élément le plus léger, l'hydrogène possède le noyau le plus simple possible : une seule charge positive nucléaire, ou proton. Mais, en général, les noyaux contiennent davantage qu'un simple proton. L'atome de carbone que nous avons examiné, par exemple, possède un noyau beaucoup plus complexe, contenant une demi-douzaine de particules non chargées appelées neutrons. Tous les atomes (excepté l'hydrogène) contiennent des neutrons. Celui-ci, légèrement plus lourd que le proton, fut découvert par James Chadwick à l'université de Liverpool au début des années trente. Le carbone possède un noyau composé de six protons et, en fonction de l'« isotope » particulier que nous considérons, six, sept ou huit neutrons.

Avons-nous trouvé là l'origine de la solidité ? Rutherford mesura que le diamètre du proton est d'environ 10^{-15} mètre. Le neutron possède une taille à peu près équivalente. Et le noyau atomique ne reflète pas la vacuité de l'atome. Le noyau de carbone n'est pas plus gros que nous pourrions l'imaginer si les particules en son sein étaient étroitement comprimées. Les noyaux plus gros rendent encore plus évident ce confinement. Le diamètre d'un noyau d'uranium, qui contient 238 nucléons (c'est ainsi qu'on désigne collectivement les protons et les neutrons), équivaut à la largeur de seulement 14 protons – c'est comme si nous avions rempli un ballon de basket avec 238 balles de ping-pong !

Avec cette découverte, les physiciens acquirent une notion de la solidité au cœur de la matière, mais les choses nous échappèrent bientôt à nouveau, nous entraînant dans une spirale glissante qui, aujourd'hui, nous indique que rien n'est solide dans l'Univers. Le problème est que le noyau, qui est un paquet de charges positives, ne devrait pas pouvoir rester stable. Les protons situés dans le noyau devraient, en toute logique, se repousser les uns les autres.

Cela signifie qu'une autre force doit être à l'œuvre. Les physiciens l'appellent la force nucléaire « forte », simplement parce qu'elle doit être assez intense pour surmonter la force électromagnétique répulsive. L'étude de la force forte a demandé aux physiciens d'approfondir les caractéristiques des nucléons. Ils découvrirent que ceux-ci ne sont pas des particules fondamentales insécables, mais sont composés de trois « quarks ».

Des quarks au fond du cœur

Le nom « quark » a été choisi par le physicien Murray Gell-Mann en 1964, qui l'adopta après avoir lu la phrase « Trois quarks pour Monsieur Mark » dans *Finnegans Wake* de James Joyce. Au départ le quark fut considéré comme une particule hypothétique, dont l'existence fut également suggérée, indépendamment, par le physicien russo-américain George Zweig (qui voulait l'appeler « as »). L'intuition de ces deux personnalités se révéla exacte – mais il fallut beaucoup de temps pour la démontrer.

Les physiciens ne peuvent observer la matière à cette échelle qu'en fracassant des particules subatomiques les unes contre les autres dans des accélérateurs. Les collisions donnent naissance à des particules plus petites, dont l'existence éphémère se manifeste par les traces laissées au point de collision dans les détecteurs, situés sur les parois de l'accélérateur. Les premiers quarks furent ainsi identifiés au centre de l'accélérateur linéaire de Stanford (SLAC) en 1968. Deux décennies supplémentaires s'écoulèrent avant que toutes les particules qu'on pensait être des quarks aient été observées. Nous savons désormais que les quarks se déclinent en six « saveurs », aux noms exotiques : étrange, charmé, top, beau, ainsi que haut et bas, beaucoup plus communs.

Les protons sont composés de deux quarks haut et d'un quark bas ; les neutrons, de deux quarks bas et d'un quark haut. Le quark top, quant à lui, serait à l'origine de la fin de la notion de solidité. Il est inexplicablement lourd, approchant le poids d'un atome d'or, ce qui explique pourquoi il fallut attendre 1995 pour parvenir à en produire un dans nos accélérateurs de particules. Ces derniers obéissant à l'équation $E = mc^2$, une quantité colossale d'énergie a été nécessaire pour créer une telle masse.

Un atome d'or contient 79 protons et 118 neutrons, soit un total de près de 600 quarks haut et bas. Comment un unique quark top peut-il peser à peu près autant ? Quelque chose dans la structure des quarks, et dans la manière dont ils s'assemblent, suggère qu'il existe un mystère dans la nature de la masse. La théorie que l'on appelle chromodynamique quantique (QCD) l'a clairement montré : les quarks haut et bas qui constituent les protons et les neutrons rendent compte de seulement 1 % de la masse de ces particules. Le reste, comme le montre $E = mc^2$, siège dans l'énergie qui lie les quarks ensemble. C'est la force nucléaire « forte ».

Ressentir l'énergie du vide

D'après la QCD, la force forte tire son origine du principe d'incertitude de la mécanique quantique (voir « Tout est-il finalement aléatoire ? »). Ce principe stipule que rien de ce qui peut être mesuré ne possède réellement une valeur précisément définie. Cela s'applique même à l'espace vide : il ne peut avoir une énergie parfaitement nulle. Par conséquent, le vide possède une quantité d'énergie fluctuante mais finie.

Cette énergie oscillante se manifeste sous la forme de particules appelées gluons, qui créent la force forte qui lie les quarks. Ainsi, lorsque vous tenez un diamant dans votre main, vous ressentez son poids. Mais ce que vous pensez être la masse du diamant est en réalité le résultat d'un champ d'énergie changeant et oscillant qui engendre le poids des quarks constitutifs des protons et des neutrons du noyau de chaque atome de carbone. Dans un sens, ce diamant, l'objet le plus solide, ne possède aucune existence permanente. Tandis qu'il repose dans votre main, tout ce qui se passe n'est qu'une succession continue de fluctuations de l'énergie, qui se manifeste sous forme de solidité.

Des solides insaisissables

Mais est-il si surprenant que les lois de la solidité s'avèrent flexibles ? Après tout, les solides ne demeurent solides que sous certaines conditions. Réchauffez un glaçon et celui-ci se transformera en flaque d'eau. Les molécules n'ont pas modifié leur nature essentielle : ce sont simplement les conditions environnementales qui ont altéré la force des liaisons entre les molécules. Il en va de même lorsque nous chauffons de l'eau et qu'elle se transforme en vapeur. Dans ce cas, les liaisons moléculaires ont disparu – mais les molécules elles-mêmes n'ont toujours pas changé.

Nous pouvons également créer une nouvelle sorte de matière, à l'autre extrémité de l'échelle de température. En refroidissant certains types de matériaux, nous pouvons donner naissance à un nouvel état de la matière. Aux solides, liquides et gaz, nous pouvons ajouter la phase appelée « condensat de Bose-Einstein (CBE) », qui est le résultat d'une transformation radicale qui survient uniquement aux températures extrêmement basses. La température est fondamentalement une mesure de la quantité d'énergie qu'un objet possède pour « s'agiter ». Aux températures très basses, un matériau est vidé de toute énergie, et donc se meut très difficilement. Mais d'après la théorie quantique, plus vous déterminez précisément la quantité de mouvement d'un objet – dans ce cas, proche de zéro –, plus l'incertitude sur sa position s'accroît. Donc, chaque particule dans le CBE possède une position incertaine. En effet, toutes les particules se recouvrent, fusionnant en un seul objet quantique massif, tel un atome géant.

Dans cet état, toutes sortes de comportements étranges surgissent. Quand le niobium se transforme en un CBE, les lois quantiques le métamorphosent en un « supraconducteur » qui transporte le courant électrique sans rencontrer la résistance qui est associée aux courants dans les métaux ordinaires. Lorsque les atomes d'hélium forment un CBE, un phénomène analogue se produit : remuez une tasse de cet hélium « superfluide », et le tourbillon se mettra à tournoyer pour toujours. Encore plus étrange : l'hélium superfluide peut défier la gravité, montant le long des parois du récipient. Transformez l'hélium en solide, où les atomes sont tous arrangés sous la forme d'un cristal, et la bizarrerie s'aggrave.

Il n'est pas si facile de rendre solide l'hélium. Pour l'avoir sous forme liquide, il faut le refroidir à moins de 4 degrés du zéro absolu. Transformer ce liquide en un solide demande d'écraser les atomes : le liquide doit être refroidi à moins d'un degré du zéro absolu et comprimé à vingt-cinq fois la pression atmosphérique normale. Une fois que vous y êtes parvenu, cependant, vous pouvez observer le solide le plus étrange de l'Univers.

Dans l'hélium solide, les liaisons entre les atomes sont extrêmement fragiles, à tel point que les atomes peuvent se désolidariser, conduisant à une « lacune », une absence d'atomes dans le cristal. Les physiciens savent depuis longtemps que ces lacunes peuvent être considérées comme des particules à part entière. Elles se comportent réellement comme un atome, avec des propriétés à peine différentes. Elles affectent la manière dont un matériau conduit l'électricité ; par exemple, c'est uniquement grâce aux lacunes, ou trous, que les semiconducteurs possèdent leurs propriétés spécifiques. Le marché de plusieurs milliards d'euros de l'électronique repose entièrement sur les propriétés des lacunes.

Dans un cristal ultra-froid d'hélium, les lois de la mécanique quantique verrouillent ensemble toutes les lacunes dans la structure, pour former un CBE fondé sur des lacunes. Puisque les atomes sont également bloqués ensemble, le cristal d'hélium est sous la forme de deux « supersolides ». Et, dans les bonnes conditions expérimentales, ils peuvent passer directement l'un à travers l'autre. En théorie, tout cristal solide pourrait se comporter ainsi dans des conditions adéquates.

Nous pourrions même nous passer de la formation des lacunes : dans certains matériaux, il doit être possible de solidariser tous les atomes libres et de les faire se déplacer de conserve autour du cristal, signifiant que ce solide passera à travers lui-même.

Observez à nouveau votre main. Elle est essentiellement constituée de rien. Les structures cristallines des protéines laissent des fossés énormes entre les minuscules atomes. Ces atomes eux-mêmes sont presque entièrement dépourvus de matière. Là où il y a de la matière – dans le noyau atomique – la majorité de la masse dérive de fluctuations quantiques de l'énergie du vide. La solidité de cette main est peut-être l'illusion la plus convaincante que vous expérimenterez jamais.

POURQUOI N'AVONS-NOUS RIEN SANS RIEN ?

Énergie, entropie et la quête du mouvement perpétuel

Les anglophones disent « There is no such thing as a free lunch *». L'origine exacte de cette phrase n'est pas claire mais, selon la plupart des sources, elle fut introduite pour résumer l'économie de la manière la plus concise. Elle apparut dans la monographie de 1949 de Pierre Dos Utt,* TANSTAAFL: a Plan for a New Economic World Order, *où l'auteur conte l'histoire d'un roi qui demande des conseils en économie. Cherchant la manière la plus simple de faire comprendre leur message, ses conseillers concluent avec cette version dorénavant classique de la sentence : « Rien n'est gratuit, tout est payant. »*

Il est douteux que cet aphorisme ait suffi à convaincre les économistes de s'aventurer dans un nouvel ordre mondial. Quant aux physiciens de l'époque, ils sont certainement restés indifférents. L'idée de « quelque chose en échange de rien » a longtemps été l'objectif des inventeurs, qui tentaient d'obtenir gratuitement un je-ne-sais-quoi en proposant des « machines à mouvement perpétuel » qui auraient fonctionné sans l'apport d'une quelconque énergie externe. Depuis longtemps, les physiciens leur avaient affirmé que c'était impossible.

Nous n'avons rien sans rien simplement parce que nous ne pouvons obtenir quelque chose à partir de rien : quelqu'un, quelque part, devra toujours payer. Les physiciens ont glorifié ce principe comme une loi fondamentale de la physique. Nous devons donc réfléchir à deux fois avant de commencer à chercher la gratuité, parce que c'est aller à l'encontre de la manière dont l'Univers fonctionne. Le grand artiste, visionnaire et inventeur Léonard de Vinci fut peut-être celui qui l'exprima le mieux. Il se prit d'un vif intérêt pour le mouvement perpétuel, recherchant des inventions et en proposant quelques-unes originales. Mais il était sceptique à leur sujet : un de ses manuels contient une analyse détaillée d'une sorte de machine populaire, qui démontre pourquoi et comment elle ne pouvait pas marcher.

> *« Ô vous qui avancez des hypothèses sur le mouvement perpétuel, combien de vaines chimères avez-vous créées au cours de votre quête ? Allez et prenez place avec les alchimistes. »*
>
> LÉONARD DE VINCI

Il existe deux sortes de machine à mouvement perpétuel. La première produit un travail sans fin, sans aucun apport de carburant ou d'une quelconque forme d'énergie. La seconde convertit la chaleur en énergie mécanique avec un rendement parfait. Mais il est clair que les deux sont de vains espoirs – et la physique nous explique pourquoi.

Quelque chose en échange de rien

De même que l'alchimie, la recherche du mouvement perpétuel préoccupa certains des esprits les plus géniaux qui se sont épanouis sur la Terre. Ce rêve a perduré au moins depuis l'an 624 apr. J.-C., lorsque le mathématicien et astronome indien Brahmagupta décrivit une roue dont les rayons creux pouvaient être remplis de mercure. Ce dernier déplacerait son poids autour de la roue pendant sa rotation. Par conséquent, écrivit Brahmagupta, « la roue tourne automatiquement pour toujours ».

Cette idée fut réitérée à maintes reprises. En 1235, Villard de Honnecourt, artiste et inventeur français, produisit sa propre version. Il n'était pas stupide : il dessina les premiers plans connus d'un dispositif d'échappement mécanique qui permettait de mesurer le temps. Mais sa « roue à contre-balancements » ne fonctionnait toujours pas. Elle comportait une série de maillets suspendus fixés autour de la circonférence d'une roue, leur mouvement étant encadré par des butées. Pendant que la roue tournait, un déséquilibre dans la distribution des masses entretenait sa rotation. En tournant, les poids du haut basculaient autour de leur axe, et ce transfert de masse maintenait la roue en rotation.

Si la roue en rotation permanente fut un incessant sujet d'étude dans la recherche du mouvement perpétuel, cela signifie simplement que très peu de personnes ont tenté de construire de telles machines. Pour que la roue à contre-balancements de de Honnecourt poursuive indéfiniment son mouvement, il faut que le manche du haut bascule lorsqu'il parvient au sommet de la roue, préservant ainsi le déséquilibre. Malheureusement, cela ne se produit pas : la distribution des masses est telle qu'il ne bascule pas complètement. Après une révolution, les poids regagnent leurs positions initiales, et tout repart en arrière exactement d'où il est parti, rendant la roue stationnaire. Leur fonctionnement est donc tout bonnement impossible.

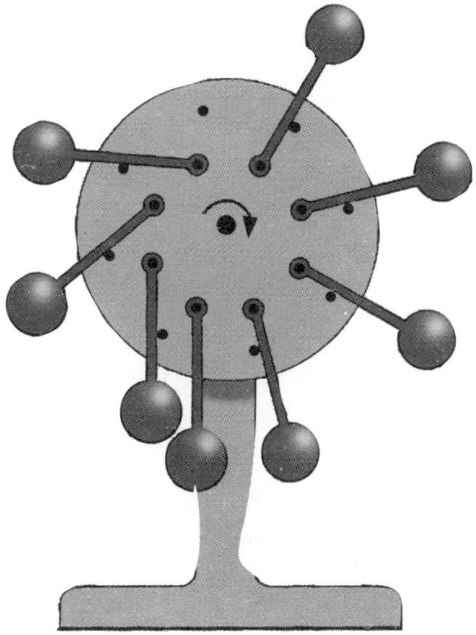

LA ROUE À CONTRE-BALANCEMENTS.

Pour être juste avec de Honnecourt, la cause de ce phénomène ne fut élucidée que bien plus tard. Le problème est que l'énergie se distribue entre deux formes distinctes. Parce que les maillets ont le potentiel de tomber sous l'influence de la gravité, on dit qu'ils possèdent une « énergie potentielle ». Si la roue tourne, une partie de celle-ci se convertit en « énergie cinétique » de mouvement. Toutefois, après un cycle, les maillets reviennent à leur position de départ. Par conséquent, ils doivent avoir exactement la même énergie potentielle (qui est fonction de leur position) qu'auparavant. Puisqu'il n'y a aucune source externe d'énergie, et que les maillets possèdent la même énergie potentielle à chaque tour, il n'existe rien pour introduire de l'énergie dans la roue en rotation.

L'énergie est conservée

En 1775, l'Académie royale des sciences de Paris, lassée du mouvement perpétuel, publia une note déclarant qu'elle n'accepterait ou ne traiterait plus les propositions le concernant. Et, en 1841, les physiciens découvrirent finalement un principe scientifique à opposer aux partisans du mouvement perpétuel : la première loi de la thermodynamique.

Ce fut la première proposition explicite sur la conservation de l'énergie. Léonard de Vinci avait suggéré que « l'eau qui chute soulève la même quantité d'eau, si nous prenons en compte la force de l'impact ». Mais il fallut attendre que le physicien allemand Julius Robert von Mayer explore correctement la matière : l'énergie, édicta-t-il, ne peut être ni créée ni détruite.

Il ne fut pas immédiatement pris au sérieux : on lui demanda, par exemple, de trouver une preuve expérimentale qui soutienne cette étrange idée. Il le fit, en montrant que l'énergie cinétique de vibration, qui se manifeste sous la forme d'une augmentation de la température, pouvait être transférée aux molécules d'eau. Une fois que ce point fut démontré, le principe a été rapidement accepté par les physiciens, reléguant le mouvement perpétuel aux oubliettes. Le mouvement a besoin d'énergie, et le principe de la conservation de l'énergie nous indique qu'il est impossible de retirer plus d'énergie d'un système isolé qu'il n'en contenait au départ. Puisque le frottement affecte tous les mécanismes quels qu'ils soient, dissipant une partie de cette énergie sous forme de chaleur et de bruit, l'invention des machines à mouvement perpétuel du premier type était vouée à l'échec. Cela ne découragea pas pour autant les explorateurs du mouvement perpétuel. À cette époque, la science de la thermodynamique leur permettait de retrouver une nouvelle jeunesse. Leur but ? Les machines à mouvement perpétuel du second type.

Des machines miraculeuses

La deuxième sorte de machine à mouvement perpétuel permet d'extraire l'énergie thermique d'un réservoir, comme l'air ou l'océan, et la convertit en énergie mécanique. Cela paraît être une bonne idée : les océans constituent une telle ressource que, si nous pouvions extraire la chaleur nécessaire à une baisse d'un degré des températures océaniques, cela fournirait, en ordre de grandeur, l'énergie nécessaire aux États-Unis pendant un demi-siècle.

En fait, la création d'une machine efficace mue par la vapeur a été une obsession humaine depuis qu'Héron d'Alexandrie inventa « l'éolipyle » en l'an 1 apr. J.-C. Cette boule, qui était mise en rotation par des jets de vapeur, n'avait aucune utilité particulière. Néanmoins, des inventions ultérieures ont employé des turbines à vapeur pour cracher et pomper de l'eau dans les mines et pour actionner des pilons broyeurs. Cependant, aucune d'entre elles ne s'approcha assez d'une véritable efficacité pratique. Cette dernière vint en 1765 avec la machine à vapeur de James Watt. Fruit d'un développement de la machine inventée par Thomas Newcomen, elle atteignit le rendement suffisant pour donner le coup d'envoi de la révolution industrielle. Toutefois, la théorie sous-jacente à ces machines en était encore à ses balbutiements. Les concepteurs des machines à vapeur s'appuyaient sur leurs pressentiments et leur intuition, non en suivant une théorie scientifique.

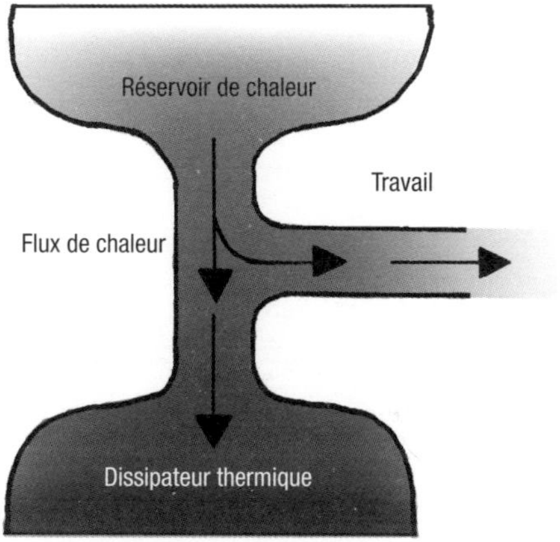

La machine de Carnot.

Ce n'est qu'en 1824 que le scientifique et militaire français Sadi Carnot publia ses *Réflexions sur la puissance motrice du feu*. Ce travail précurseur passa largement inaperçu pendant une décennie. Mais les principes scientifiques associés à la machine à vapeur étaient dorénavant établis. Et en prime, Carnot avait parachevé le principe qui interdit la gratuité aux machines à mouvement perpétuel du second type.

Le deuxième principe de la thermodynamique explique pourquoi il n'est pas possible d'obtenir un travail, avec un rendement parfait, d'une source de chaleur à température ambiante. Il affirme essentiellement que l'on ne peut pas prélever la chaleur de quelque chose pour la transformer intégralement en travail mécanique. Une partie de cette chaleur doit être transférée dans un « dissipateur thermique » à une température plus basse. C'est la différence de température entre la source de chaleur et le dissipateur qui détermine quelle quantité de travail sera extraite de ce « moteur thermique ». Carnot montra que la conception d'un moteur thermique parfaitement efficace est impossible.

Le régime du principe zéro

Toute machine qui cherche à effectuer un travail nécessite de l'énergie, que nous considérerons disponible sous forme de chaleur. La chaleur s'écoule d'une source chaude vers une plus froide (ce principe semble si évident qu'il fut formalisé sous la désignation de « principe zéro » de la thermodynamique longtemps après que les autres lois furent déterminées), d'où la nécessité des deux réservoirs. Le travail peut être extrait pendant que la chaleur s'écoule d'un « réservoir » chaud vers un autre froid.

Dans cette situation, le travail produit correspond à la différence entre la chaleur s'écoulant en dehors du réservoir chaud et celle pénétrant dans le réservoir froid. Un rendement parfait impliquerait qu'aucune chaleur ne s'écoule dans le réservoir froid, de sorte que toute l'énergie thermique soit employée pour le travail à effectuer.

Considérons maintenant, comme le fit Carnot, les détails pratiques de cette machine. Carnot imagina un moteur à piston ressemblant beaucoup au cylindre d'un moteur de voiture, où la chaleur est utilisée pour détendre un gaz qui pousse un piston. Le gaz est alors comprimé, et le cycle recommence. En considérant les lois des gaz qui relient la pression, la température et le volume, Carnot montra que le rendement d'un moteur dépend du rapport des températures entre les réservoirs chaud et froid. Peu importe le fluide ou le gaz utilisé pour actionner la machine, le rapport des deux températures commande tout. Et le problème avec la gratuité se situe là.

Le moteur diesel ordinaire fonctionne à environ 550 °C. Les gaz d'échappement sortent à la température extérieure. Le rendement maximal possible, selon les travaux de Carnot, est d'environ 60 %. En réalité, un moteur diesel convertit environ 50 % de l'énergie chimique de son carburant en énergie qui peut faire rouler le véhicule. Le reste est dissipé en chaleur (ce qui explique pourquoi les voitures ont besoin de systèmes de refroidissement). Les moteurs à essence sont significativement moins efficaces.

Que se passe-t-il si nous portons les deux réservoirs aux températures extrêmes ? En théorie, le réservoir chaud peut être porté à des

NOTRE UNIVERS : L'ULTIME GRATUITÉ

Selon le physicien Alan Guth, il existe quelque chose où règne la gratuité. Et nous vivons à l'intérieur : l'Univers, précise Guth, est « l'ultime gratuité ». Guth est l'inventeur d'une idée dans le domaine de la cosmologie appelée « inflation ». D'après lui, l'Univers, et toute l'énergie qu'il contient, semble avoir émergé d'un peu plus d'un gramme de matière. Une fraction de seconde après le Big Bang, l'Univers était quelque 100 milliards de fois plus petit qu'un proton. Puis il enfla comme un ballon, passant de la taille d'un pois à celle de la Voie lactée en moins de temps qu'il ne faut pour cligner de l'œil !

Les nombres qui entrent en jeu sont astronomiques. L'inflation a commencé lorsque l'Univers faisait environ un milliardième de la taille d'un proton. 10^{-34} seconde plus tard, il avait gonflé jusqu'à 10^{25} fois sa taille d'origine (à peu près la taille d'une bille). Et pendant ce processus, les cosmologistes estiment que l'énergie contenue dans l'Univers s'est accrue d'un facteur 10^{75}. Cela résonne comme une violation de la loi du « nous n'avons rien sans rien ». Mais une complication laisse tout cela en cohérence avec les lois de la physique : une partie est de l'énergie négative.

En accord avec la relativité générale, notre meilleure description de la nature de l'espace et du temps, l'énergie d'un champ gravitationnel est toujours négative. Pendant l'inflation, l'énergie devient encore plus négative dans l'espace-temps en expansion rapide. Cependant, la matière commence à y émerger. C'est à cause des propriétés du tissu spatio-temporel qu'une portion de lui-même se déplace spontanément vers un état d'énergie plus basse : des particules comme les électrons, les positrons et les neutrons. La matière possède une énergie positive, et la création continue de matière engendre de plus en plus d'énergie positive pour contrebalancer l'énergie négative croissante. L'énergie totale peut ainsi demeurer constante. Les Grecs de l'Antiquité disaient que rien ne peut émerger du néant, mais l'inflation commande le contraire.

températures infiniment élevées. Mais le réservoir froid ne peut pas être plus froid que le zéro absolu. On obtiendra au mieux un réservoir froid à la température de 3 K, ou –270 °C, même en se débarrassant de toute la chaleur résiduelle. Parce qu'un réservoir plus froid que le zéro absolu ne peut être obtenu et qu'un réservoir infiniment chaud n'existe pas (tout du moins à notre connaissance), une machine à rendement parfait ne peut exister. Vous ne pouvez pas convertir la chaleur en travail sans gaspiller une partie de celle-ci, ce qui signifie que, pour poursuivre le cycle, vous devez toujours réintroduire de l'énergie. Autrement dit, ce n'est pas gratuit.

Les travaux de Carnot conduisirent directement à la formulation du deuxième principe de la thermodynamique. Il stipule, comme l'exprimèrent le physicien anglais Lord Kelvin et le physicien allemand Max Planck, qu'une machine qui fonctionne de manière cyclique ne peut pas transformer la chaleur en travail – ou transférer de la chaleur d'un réservoir froid à un réservoir chaud, comme le reformula le physicien allemand Rudolf Clausius en 1850 – sans avoir d'autre effet sur son environnement. Non seulement vous ne pouvez pas obtenir gratuitement votre repas, mais vous ne pouvez même pas le garder gratuitement au frais dans le réfrigérateur, qui n'est rien d'autre qu'une machine de Carnot fonctionnant à l'envers. En d'autres termes, un réfrigérateur a besoin qu'on l'alimente en énergie. Cela découle de l'inclination naturelle de l'énergie à s'écouler du chaud vers le froid. Maintenir l'intérieur de votre réfrigérateur en dessous de la température de votre cuisine implique le même processus d'expansion et de compression, de réchauffement et de refroidissement des gaz que le fonctionnement du moteur de votre voiture, et tous deux ont besoin d'énergie. Dans ce cas, cependant, vous avez besoin d'un compresseur plutôt que d'un détendeur pour le gaz.

> *« Une machine cyclique ne peut pas transférer de la chaleur d'un réservoir froid à un réservoir chaud sans avoir d'autres effets sur son environnement. »*
>
> RUDOLF CLAUSIUS

La marche de l'entropie

Le travail de Carnot impliquait des considérations sur la pression, la température et le volume des gaz. Le processus qu'il dévoila conduisit les physiciens à une autre découverte : la notion d'entropie. Il s'avère que l'Univers tout entier évolue vers un désordre sans cesse croissant. Ce fut Clausius qui nomma ce désordre « entropie », terme dérivé du grec signifiant « transformation ». En 1865, il rédigea un traité mathématique sur le travail que les atomes effectuent les uns sur les autres dans un gaz. Le résultat, montra Clausius, est que le deuxième principe peut être exprimé d'une nouvelle façon : l'entropie, ou le désordre, d'un système isolé reste constante ou augmente – elle ne décroît jamais.

Cela ne signifie pas que vous n'observerez jamais la diminution de l'entropie à petite échelle. Votre repas dans le réfrigérateur se refroidira, par exemple, diminuant le désordre présent dans les molécules qui le constituent. Mais ne croyez pas naïvement que cela viole le deuxième principe de la thermodynamique. L'intérieur de votre frigo n'est pas un système isolé – les molécules du gaz réfrigérant prélèvent de la chaleur et, ce faisant, leur désordre s'accroît. Puisque la chaleur est transmise à l'air de votre cuisine, le désordre dans votre habitation augmente également.

Ce type de phénomène se produit partout dans l'Univers, comme le révèlent les processus de la nature. Il engendre, selon l'opinion des physiciens, l'irréversibilité des processus naturels : la flèche du temps est simplement une autre manière d'exprimer le deuxième principe de la thermodynamique. L'énergie perdue dans le cycle de la machine de Carnot représente la lente marche en avant de l'Univers, à une petite échelle.

Réunis, les premier et deuxième principes de la thermodynamique enterrent définitivement toute revendication pour la création de la gratuité. Ils sont même si fermement établis que le Bureau américain des brevets prévient ceux qui soumettront un brevet pour une machine à mouvement perpétuel qu'ils ne pourront pas récupérer les taxes après que leur dossier aura été instruit par l'examinateur. Ainsi, non seulement nous n'avons rien sans rien, mais chercher un moyen d'y parvenir pourrait même finalement nous coûter de l'argent.

TOUT EST-IL FINALEMENT ALÉATOIRE ?

Incertitude, réalité quantique et le rôle probabiliste des statistiques

Nous pouvons commencer en posant la question contraire : tout est-il prévisible ? Pouvons-nous découvrir les lois qui déterminent comment se produisent les processus dans l'Univers ? Cela nous doterait d'une puissance extraordinaire sur la nature, une puissance dont l'humanité a toujours rêvé.

L'existence humaine tout entière est, sous plusieurs aspects, pieds et poings liés à cette quête. Nous observons le monde qui nous entoure et tentons de découvrir des régularités et des corrélations qui nous permettent de réduire ce que nous voyons à un ensemble de règles ou de généralités. Cela nous habilite à faire des prédictions concernant les événements que nous pourrions ou ne pourrions pas rencontrer à l'avenir, et à ajuster ainsi de manière appropriée nos attentes et nos déplacements. Nous sommes, au fond, des chercheurs de modèles.

Nous jouissons d'une faculté dans l'identification des motifs, qui a été profitable à notre espèce. C'est incontestablement ce qui nous a permis de survivre dans la savane. Immobile, un prédateur peut demeurer méconnaissable, mais dès qu'il bouge, nous pouvons déceler un changement dans les motifs de notre environnement, et prendre la poudre d'escampette. Les racines et les baies poussent selon des motifs géographiques et temporels prévisibles (les saisons), nous permettant de les trouver et de nous en rassasier.

Puisque nos vies dépendent de la reconnaissance des motifs, l'évidence suggère que l'évolution de nos cerveaux a porté ce processus jusqu'à l'extrême, nous obligeant à voir des modèles même lorsqu'il n'y en a pas. Par exemple, nous avons surinterprété les frémissements des feuilles et des buissons comme la manifestation d'un monde d'esprits invisibles. La recherche moderne indique que ce type de sensibilité aiguë aux motifs de l'environnement nous a prédisposés à la conviction religieuse. Une inclination envers la pensée irrationnelle – la considération de choses que nous ne pouvons palper, voir ou justifier – est le prix que l'espèce humaine doit payer pour sa survie.

Par ironie du sort, cependant, les scientifiques ont été capables d'esquisser des conclusions concernant l'origine de la pensée irrationnelle seulement parce qu'ils présentent eux-mêmes ce défaut. Ils sont dorénavant cruellement attentifs à leur tendance à voir des modèles là où il n'y en a aucun, et du hasard là où il y a de l'ordre. Afin de lutter contre cette tendance et de déterminer si un quelconque ordre, dessein ou structure existe dans le monde qui nous entoure, nous avons besoin de l'invention qui révèle combien l'esprit humain peut être brillant et absurde à la fois : il s'agit des statistiques.

Les dés sont jetés

Contrairement à de nombreux développements de la science moderne, les statistiques ne doivent rien aux Grecs, ce qui est remarquable quand on sait combien ils aimaient les jeux de hasard. Les Grecs et les Romains de l'Antiquité passaient de nombreuses heures à jouer aux dés. Ceux-ci étaient fabriqués à partir des petits os à six faces situés dans les talons des ruminants. Quatre de leurs faces étaient planes, et les artisans y sculptaient les chiffres 1 et 6 sur deux faces opposées, 3 et 4 sur les deux autres faces. La manière dont ces chiffres étaient disposés faisait qu'il y avait environ quatre fois moins de chance de sortir 1 ou 6 que 3 ou 4.

Les Grecs ne voyaient dans ces jeux rien d'autre que le hasard : tout se tenait caché derrière les desseins des dieux. De plus, ils étaient plutôt maladroits avec les nombres. Les mathématiciens grecs se contentaient tous des formes : ils excellaient en géométrie. Pour traiter l'aléatoire, l'arithmétique et l'algèbre sont nécessaires, et ils n'avaient guère de talents dans ces disciplines.

L'invention de l'algèbre n'était pas le seul bond en avant nécessaire pour parvenir à appréhender le hasard. Il fallait également la production de dés « équitables », ayant une égale probabilité de s'immobiliser sur n'importe laquelle des six faces. Les premiers théorèmes de probabilités qui apparurent au cours du XVIIe siècle, à côté de la mécanique céleste de Newton, s'intéressaient presque exclusivement à ce qui se passe lorsque nous lançons un dé.

> *« Le hasard, ce mot mystérieux et tant galvaudé, ne doit être regardé que comme servant à couvrir notre ignorance ; c'est un fantôme qui exerce l'empire le plus absolu sur le vulgaire, habitué à ne considérer les événements qu'isolément ; mais qui s'anéantit devant le philosophe dont l'œil embrasse une longue suite d'événements. »*
>
> ADOLPHE QUETELET

Ces théorèmes étaient fondés sur l'idée que les dés n'étaient pas pipés. Bien que plutôt rudimentaires, ils constituent la première tentative de compréhension du fait que les processus du monde naturel peuvent être aléatoires. Des dés en passant par les lancers de pièces et les cartes battues, nous sommes finalement parvenus aux statistiques, aux probabilités et à la notion de hasard.

La cause probable

L'astronome et mathématicien belge Adolphe Quetelet fut le premier à appliquer les probabilités aux affaires humaines dans les années 1830, développant la notion statistique de distribution de probabilité des caractéristiques physiques et morales des populations humaines. Ce fut Quetelet qui inventa le concept d'« homme moyen ».

Lorsqu'il porta son attention sur la notion de hasard dans les événements naturels, Quetelet était déterminé à être intransigeant. Pour lui, le hasard n'était que la marque de notre ignorance, que l'étude de longues séries d'événements permettrait de lever.

Si les civilisations antiques ont été capables de prédire les mouvements des planètes, jusqu'à Quetelet personne ne pensait qu'il était possible de modéliser la manière dont la pluie tombe sur une vitre ou dont les pluies d'étoiles filantes surviennent. Quetelet bouleversa tout cela, révélant des modèles statistiques dans ce que l'on pensait depuis longtemps être aléatoire.

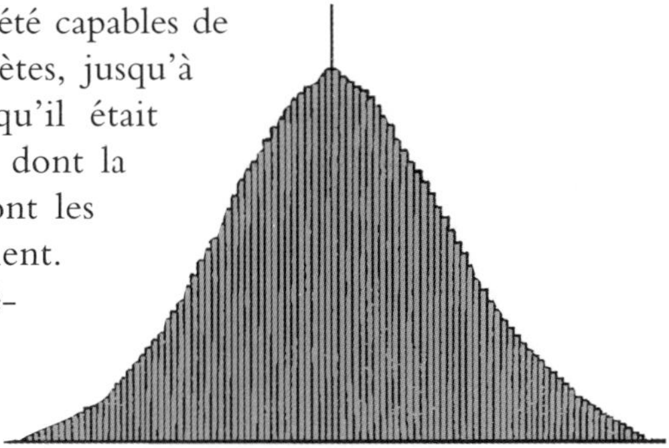
LA COURBE DE DISTRIBUTION DE QUETELET.

La notion de hasard ne fut pas détruite avec Quetelet. Son travail montra qu'une « longue suite d'événements » suivait, dans la plupart des cas, un motif statistique. Mais cela laissa en suspens l'idée qu'un événement unique ne pouvait pas être prédit. Même si une succession de lancers de pièce donnera une distribution prévisible de piles et de faces, dans la science de Quetelet, l'issue d'un seul lancer de pièce demeure imprévisible.

Soulever le voile de l'ignorance

Cependant, ici aussi, la science a désormais montré que la perception du hasard est le résultat de l'ignorance. Le lancer d'une pièce implique un mélange complexe de facteurs, parmi lesquels la position initiale de la pièce, la quantité de mouvement et le moment cinétique que le lancer communique, la hauteur de laquelle la pièce va tomber, ainsi que la résistance de l'air pendant sa trajectoire. Si nous les connaissons tous avec une précision raisonnable, nous pouvons prédire exactement comment la pièce retombera.

Un lancer de pièce n'est, par conséquent, pas du tout aléatoire. Le lancer d'un dé l'est davantage – mais pas vraiment quand même. Ici, les mêmes lois s'appliquent : en principe, si nous connaissons toutes les conditions initiales et la dynamique précise du lancer, nous pouvons calculer quelle face sera vers le haut. Le problème provient du rôle des coins pointus du dé. Lorsque le coin d'un dé frappe la table, le résultat est chaotique (voir « La théorie du chaos conduit-elle au désastre ? ») : le mouvement qui s'ensuit dépend crucialement de l'angle exact et de la vitesse du heurt. Le résultat de toute chute ultérieure sur un coin dépendra *in fine* encore plus sensiblement de ces conditions initiales. Donc, tandis que nous pouvons raisonnablement nous attendre à calculer l'issue d'un lancer de pièce à partir des informations pertinentes, nos prédictions concernant un lancé de dé seront nettement moins fiables. Si le lancer met en jeu deux ou trois collisions chaotiques avec la table, nos prévisions peuvent s'avérer légèrement meilleures que le hasard pur.

Pourtant, il est important de faire la distinction entre des systèmes chaotiques et vraiment aléatoires. Si un lancer de dé n'est pas prévisible, il n'est pas non plus aléatoire : nous savons qu'il suit des lois reconnaissables, mais pas celles dont nous pouvons calculer précisément les conséquences en raison de notre connaissance limitée des conditions initiales. Nous pouvons en dire autant de la météo : ce sont nos limitations qui font qu'elle nous semble aléatoire. Ainsi, existe-t-il quelque chose de véritablement aléatoire ? C'est une question au cœur de l'un des débats les plus vastes, et les plus fondamentaux, de la science.

Au début du XXe siècle, Lord Kelvin exprima son ravissement sur la manière dont progressait la physique. Newton avait effectué le travail de fond, et ses lois du mouvement pouvaient servir de base à la compréhension émergente de la nature de la lumière et de la chaleur. Effectivement, il restait quelques petits problèmes – « deux nuages », comme il le déclara –, mais les physiciens étaient dorénavant essentiellement en train de parachever méticuleusement notre compréhension de l'Univers. Au même moment, le grand mathématicien allemand David Hilbert faisait preuve du même optimisme. En 1900, lors d'un congrès de mathématiques à Paris, Hilbert énonça vingt-trois problèmes ouverts qui, lorsqu'ils seraient résolus, permettraient de clore le livre des mathématiques.

L'incertitude certaine

Hilbert et Kelvin étaient tous les deux coupables d'un optimisme déplacé. En quelques années, la relativité et la mécanique quantique ont fait littéralement voler en éclats l'idée d'en appeler à Newton pour formuler l'avenir de la physique. Qui plus est, le mathématicien autrichien Kurt Gödel coupa l'herbe sous le pied de Hilbert, en répondant à une question mathématique que Hilbert n'avait même pas posée – et évacuant ainsi toute certitude sur le fait que les questions de Hilbert pouvaient trouver une réponse.

Gödel formula ce qu'il appela un théorème d'incomplétude. En essence, l'incomplétude dit que certains problèmes mathématiques ne pourront jamais être résolus. À cause de la manière dont nous formulons les idées mathématiques, certaines propositions ne pourront jamais être démontrées. Les mathématiques sont vouées à demeurer éternellement incomplètes, en liaison intime avec la question du hasard. Si certaines choses sont inconnues, leur comportement pourrait, en dépit de tout ce que nous savons, être aléatoire. Le hasard pourrait véritablement ne pas être une propriété inhérente au système, mais nous ne pourrons jamais le démontrer. Gödel publia son théorème d'incomplétude en 1931. À cette époque, la notion de limite à ce que nous pouvons savoir était à peine une surprise. Ceux qui étaient familiers avec la mécanique quantique, qui venait de naître, étaient déjà résignés à notre ignorance concernant les réponses fondamentales.

Tout d'abord, la théorie quantique nous a placés face au problème de l'incertitude intrinsèque à celle-ci. Werner Heisenberg fut le premier à remarquer que, lorsque nous avons affaire aux équations de la mécanique quantique, nous pouvons nous poser des questions concernant les caractéristiques du système en cours d'examen, mais il existe certaines combinaisons de questions que nous ne pouvons pas poser en même temps. Ces équations donneront la quantité de mouvement ou bien la position précise d'une particule, par exemple, mais jamais les deux simultanément. Si l'on désire connaître la quantité de mouvement précise d'une particule à un instant donné, on ne pourra littéralement rien dire à propos de la position de cette particule au même instant. Cette réalité, le principe d'incertitude de Heisenberg, est une particularité fondamentale de la mécanique quantique.

Heisenberg utilisa l'analogie d'un microscope pour le justifier. Si nous voulons chercher la position d'une particule, dit-il, nous devons faire rebondir quelque chose dessus – un photon de lumière, dans cette situation. Mais ce faisant, le photon communique de la quantité de mouvement à la particule. Autrement dit, en mesurant la position, nous avons introduit un changement dans une caractéristique distincte : nous ne pouvons connaître simultanément la position et la quantité de mouvement avec précision. Toute mesure – dans le but de déterminer la quantité de mouvement, l'énergie ou le spin – entraînera des effets concomitants sur d'autres caractéristiques. La certitude concernant toutes les caractéristiques d'un système à un instant fixé du temps ne peut jamais être acquise.

Le deuxième problème est encore plus fondamental. Il est directement inhérent à la prédictibilité. L'illustration classique de cette notion est un fragment de minerai radioactif, comme le morceau de radium que Marie Curie emportait avec elle. Les physiciens peuvent vous dire que, s'il est composé de l'isotope du radium qui se désintègre le plus vite, la radioactivité de ce fragment diminue de moitié tous les trois jours et demi. Au bout d'une semaine, il possède donc le quart de sa radioactivité d'origine.

Néanmoins, il s'agit d'une moyenne statistique. Elle ne nous indique pas si un atome particulier de radium se désintégrera dans un temps donné. Au bout de mille ans, certains des atomes de ce fragment ne seront toujours pas désintégrés. Certains se désintégreront dans les minutes qui suivent le début de votre chronométrage. Et il n'existe aucun moyen de prévoir lequel se désintégrera à tel instant. Rien en mécanique quantique ne nous indique ce qui déclenche la désintégration. Elle est, à tous égards, aléatoire, comme si Dieu lançait dix dés pour chaque atome et que seule une combinaison de dix 6 entraînait la désintégration. Einstein considérait cela comme une preuve que la mécanique quantique est incomplète. Il doit y avoir, affirma-t-il, certaines « variables cachées » qui se substituent à ce jeu de dés divin.

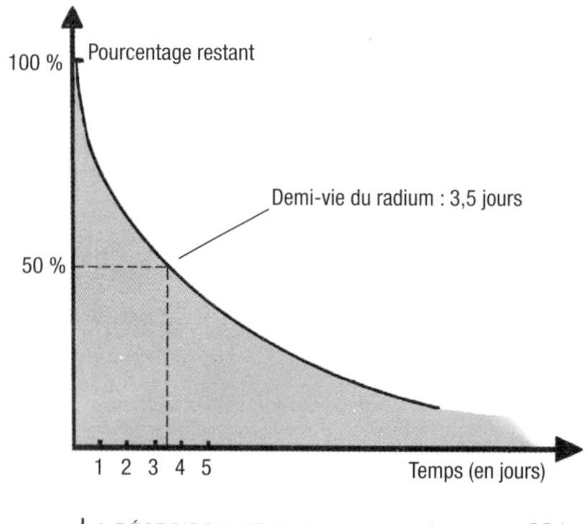

La décroissance radioactive du radium 224.

Dieu joue aux dés

L'idée que le « Tout-Puissant » ne joue pas aux dés est probablement la préoccupation d'Einstein la plus médiatisée. Il est intéressant de souligner qu'il n'avait pas de conviction religieuse, et il employait souvent « Dieu » comme une métaphore pour désigner la nature ou l'Univers. Sa remarque est simple et matérialiste. Sommes-nous certains que l'Univers fonctionne selon des lois déterministes ? Chaque effet possède-t-il à coup sûr une cause ? Niels Bohr, largement considéré comme le père fondateur de la mécanique quantique, répondait à cela avec ironie. La théorie quantique, ressassait-il infatigablement à Einstein, est fondée sur le hasard. Certains effets n'ont pas de cause. « Qui êtes-vous, Einstein, pour dire à Dieu ce qu'il doit faire ! » s'insurgeait-il.

De même que le principe d'incertitude de Heisenberg, le hasard semble s'inscrire directement dans les équations de la mécanique quantique. L'équation primordiale, unique manière de rendre cohérentes les expériences réalisées sur les systèmes quantiques, est l'équation d'onde de Schrödinger. Celle-ci assigne aux objets quantiques des caractéristiques ondulatoires. Si nous voulons savoir quelque chose sur le monde quantique, nous résolvons cette équation d'onde. Tout ce que nous en déduisons, cependant, est une probabilité.

C'est vraiment ce qui positionne la mécanique quantique comme une théorie à part. Au temps de la naissance de la physique quantique, dans les années 1920, les statistiques étaient une discipline scientifique dotée de fondations solides. La thermodynamique reposait sur elles et de nombreuses autres branches de la science utilisaient les statistiques pour vérifier les résultats des expériences. La mécanique quantique, néanmoins, semblait unique – et, pour Einstein, dérangeante – dans son allégation que ses résultats peuvent *uniquement* être exprimés sous la forme de probabilités.

Les résultats des expériences quantiques, selon l'interprétation orthodoxe de la mécanique quantique, se produisent par un pur hasard. Le refus d'Einstein de l'accepter est largement relié à la profondeur de ses implications. La mécanique quantique décrit le monde à l'échelle des particules les plus fondamentales. Si les processus quantiques sont aléatoires, alors *tout* est finalement aléatoire.

Cela ne posait aucun problème à Bohr car il pensait que, en fin de compte, aucune chose ne possède de propriétés, quelles qu'elles soient. Nos expériences et nos mesures, croyait-il, produiront certains changements dans notre dispositif expérimental, et nous interprétons celles-ci en fonction de la quantité de mouvement d'un atome, ou du spin d'un électron. Mais finalement, disait-il, ces qualités ne sont pas le reflet de quelque chose qui existe indépendamment de la mesure. Ainsi, pour Bohr, il n'y avait aucune raison de penser que les résultats des expériences n'apparaissent pas sous la forme d'une distribution aléatoire : il n'existe aucune réalité objective ordonnée, d'où aurait émergé un certain résultat non aléatoire. Dans son esprit, il aurait été bizarre qu'il en aille autrement.

Cela semble être un point de vue radical et choquant. Un électron n'existe que par un certain caprice de notre appareil de mesure. Pourquoi Einstein, dont le raisonnement était infiniment plus proche du « sens commun », a-t-il débattu de cela avec Bohr pendant plusieurs décennies ? Einstein disait qu'il « ressentait comme un sentiment amical » pour Bohr au début, à l'instar de l'intensité et du plaisir de leur joute intellectuelle. Néanmoins, à la fin, elle parvint au point où ils ne trouvaient plus rien à se dire.

Vivre avec un Univers aléatoire

Finalement, l'histoire a décidé que Bohr avait raison. Quelle que soit la vérité, même si la notion d'ensemble de variables cachées attendant d'être découvertes, due à Einstein, reste scientifiquement digne d'intérêt, l'opinion dominante est que la réalité objective ne possède aucune existence indépendante. Tout ce que l'on peut dire sur la réalité qui se manifeste dans les expériences quantiques, c'est que l'on peut prédire le spectre des possibilités et comment on observera probablement chacune d'elles. Donc, est-ce le mot de la fin ? L'Univers est-il finalement aléatoire ? Sommes-nous, en tant que créatures constituées de molécules quantiques, condamnés à nous trouver à la merci de forces capricieuses ? Oui – mais cette question est biaisée, tel un dé romain.

Nous semblons considérer naturellement le hasard en des termes négatifs. Mais, comme Shakespeare le savait fort bien, la chance est souvent bienveillante, également. Il fait dire à Pisanio dans *Cymbeline*, par exemple, que « la fortune conduit au port certains vaisseaux qui n'ont pas de pilote ». Le problème est que des millénaires de pensée religieuse ont imposé le sentiment que tout ce qui se produit dans le monde qui nous entoure a une cause. La science a renforcé cette idée : nous apprécions les choses prévisibles. Mais le hasard peut aussi être utile (voir l'encadré « Plus que du bruit »).

PLUS QUE DU BRUIT

Si le monde est en fin de compte aléatoire, nous pouvons au moins mettre à profit ce hasard. Pendant la Seconde Guerre mondiale, les équipages aériens avaient remarqué que leurs instruments fonctionnaient mieux lorsque l'avion était en vol. Les vibrations de l'avion déplaçaient les broches d'avant en arrière selon de minuscules mouvements aléatoires qui surpassaient le frottement à l'intérieur du mécanisme des instruments.

Le bruit aléatoire semble également aider les êtres vivants. Les écrevisses sont plus à même de se faire dévorer par leurs prédateurs lorsqu'elles sont dans une eau stagnante. L'ajout d'un peu de bruit turbulent semble leur donner une acuité pour détecter les perturbations associées à un prédateur qui approche. Le hasard est utilisé lorsque le poisson-spatule chasse le plancton. Le plancton émet un faible signal électrique, et le long bec du poisson-spatule est muni de capteurs qui peuvent déceler son champ électrique. La plupart du temps, le signal du plancton est trop faible pour qu'il le détecte. Malgré tout, l'évolution l'a doté de cellules nerveuses qui ajoutent un certain bruit au signal. Le résultat donne un phénomène que l'on appelle la « résonance stochastique », qui semble amplifier le minuscule signal au point que le poisson-spatule est capable de percevoir le plancton.

Un artifice similaire doit être à l'œuvre dans notre propre cerveau. On a montré que la mouche des fruits, dont l'architecture cérébrale est proche de celle des vertébrés, utilise la résonance stochastique pour améliorer son odorat. Des études indiquent que, chez une personne âgée, certains sens peuvent être améliorés en ajoutant un peu de bruit aléatoire dans les signaux reçus par le cerveau. Ainsi, les implants cochléaires aident les personnes malentendantes à mieux entendre lorsqu'un bruit aléatoire de faible intensité y est intégré.

Qui plus est, il pourrait être également à l'origine de notre existence elle-même. Le principe d'incertitude de Heisenberg est fondamental pour l'Univers. Une des conséquences en est que même les régions de l'espace vide ne peuvent avoir une énergie nulle ; au contraire, l'espace tout entier est empli d'une écume de particules « virtuelles » qui surgissent et disparaissent brièvement dans une existence aléatoire. Ces fluctuations quantiques du « vide » seraient la source de « l'énergie sombre », qui est le moteur de l'expansion accélérée de l'Univers. Une forme similaire de fluctuation surgissant « du néant », mais qui croît au lieu de disparaître à nouveau, est la meilleure explication que nous avons de la cause du Big Bang qui a donné naissance à notre Univers. Nous pourrions songer que le hasard est une mauvaise chose, mais sans lui nous ne serions même pas là pour en discuter.

QU'EST-CE QUE LA PARTICULE DE DIEU ?

Le boson de Higgs, le LHC et la quête de la signification de la masse

Vous ne serez pas surpris d'apprendre qu'elle n'a rien à voir avec Dieu. Sauf, peut-être, dans le sens où personne n'a encore démontré son existence. Le physicien Leon Lederman, lauréat du prix Nobel, inventa cette expression pour, d'une part, adresser un clin d'œil humoristique aux physiciens qui pensaient qu'une particule pourrait répondre à toutes leurs questions sur l'Univers, et d'autre part donner un coup de patte à l'idée que les découvertes de la science auraient quelque chose à dire sur le sens de la vie.

Non, la particule de Dieu ne nous dit pas tout sur l'Univers, et elle ne nous révèle pas le sens de la vie. Mais cela ne signifie pas que le boson de Higgs ne vaut pas la peine d'être recherché. C'est la pièce maîtresse du puzzle du modèle standard de la physique des particules. S'il existe, nous pouvons être certains que nous aurons découvert la majeure partie de la nature essentielle de l'Univers, et révélé ce qui donne à la matière sa masse. Dans le cas contraire, nous devrons tout simplement faire table rase et repartir de zéro.

La scène sur laquelle se jouera cette tragédie se situe en Suisse. Au CERN (Organisation européenne pour la recherche nucléaire) à Genève, l'accélérateur de particules le plus puissant au monde sera l'arbitre de la vérité dans ce que les physiciens appellent le « modèle standard » de la physique. Puisque le grand collisionneur de hadrons ou LHC (Large Hadron Collider) fracasse des protons entre eux avec la force d'une collision entre deux trains à grande vitesse, la particule de Dieu devra montrer le bout de son nez. Partout dans le monde, les physiciens sont sur des charbons ardents, attendant fiévreusement de voir si la suggestion de Peter Higgs, qui date de 1964, est exacte.

La naissance du boson de Higgs

Dans une tentative pour découvrir l'origine de la masse, Peter Higgs rédigea un article qui décrivait comment la physique théorique autorisait l'existence d'une nouvelle sorte de champ. S'ajoutant aux champs connus, tels les champs gravitationnel et électromagnétique, ce nouveau champ serait apparu lorsque l'Univers s'est refroidi, après l'embrasement du Big Bang. Il fournirait une source de résistance à certains types de particules, leur conférant probablement la propriété que nous appelons la masse.

L'article fut rejeté par le comité de lecture de la revue *Physics Letters* pour cause de « pertinence non évidente pour la physique ». Higgs le réécrivit pour donner à son idée une application concrète : le champ pourrait émaner de la force qui lie ensemble les particules du noyau. Mais personne ne savait trop que faire de cette idée, jusqu'à ce que Steven Weinberg, Sheldon Glashow et Abdus Salaam commencent à tenter d'unifier les forces électromagnétique et nucléaire faible.

Les théories relatives à ces deux forces paraissent inexplicablement similaires sur de nombreux aspects. La théorie des forces électromagnétiques, que l'on connaît sous le nom d'électrodynamique quantique, et la théorie de la force « faible », qui engendre certaines formes de radioactivité et est le moteur de la fusion nucléaire dans le Soleil, ressemblent aux deux faces d'une même pièce (voir « Quelle est la force la plus puissante de la nature ? »). Weinberg et Salaam montrèrent que c'était effectivement le cas, et les unifièrent dans la théorie « électrofaible ». Cependant, cette théorie requiert l'ajout, à ce que nous appelons le zoo des particules, d'une paire de particules encore jamais observées à l'époque, nommées bosons W et Z (un boson est une particule qui transmet une force).

Plus embarrassant encore, ces deux particules possèdent une masse. Cela semblait anormal puisque le boson le plus célèbre, le photon (le vecteur de la force électromagnétique), a une masse nulle. Si le photon et les bosons W et Z font le même type de travail dans une théorie unifiée, il doit y avoir une sorte de « symétrie » entre eux. Le fait que ce ne soit pas le cas, à cause de la masse des bosons W et Z, conduisit les physiciens à suspecter que quelque chose brisait cette symétrie, de la même manière qu'ajouter une tare à une balance de cuisine soigneusement étalonnée perturbera son délicat équilibre. Mais qu'est-ce qui représentait ce poids ? En guise de réponse, Peter Higgs offrait son champ.

En 1967, Weinberg et Salaam incorporèrent le champ de Higgs dans leur théorie électrofaible. En 1983, au CERN, les bosons W et Z furent observés, exactement comme Weinberg et Salaam l'avaient prévu. Ce fut un triomphe, la dernière odyssée de l'épopée de la physique des particules. Excepté un tout petit détail : personne ne savait si le champ de Higgs existe vraiment.

La chasse au Higgs

Le champ de Higgs peut être imaginé de différentes manières, dont l'une consiste à passer le doigt le long du sillon d'une tôle ondulée. Le creux paraît lisse et votre doigt avance sans résistance. Passez-le maintenant transversalement aux sillons : c'est beaucoup plus dur. Dans le modèle standard de la physique, c'est la même chose pour les bosons W et Z. Tandis que le photon se déplace toujours le long des sillons du champ de Higgs, les deux autres se meuvent transversalement à ceux-ci, rencontrant une résistance qui se traduit en masse.

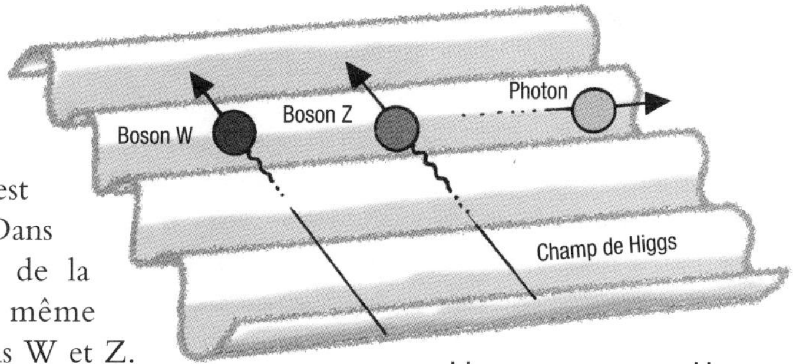

L'EFFET DU CHAMP DE HIGGS.

La seule manière de découvrir la preuve que le champ de Higgs fournit réellement une « texture » orientée à l'Univers, ressentie par les bosons W et Z mais pas par le photon, consiste à trouver la particule que ce champ produit. Chaque champ possède sa propre particule : le champ électromagnétique a le photon ; le champ gravitationnel, le graviton (même si personne n'en a jamais vu un) ; et l'interaction forte passe par le gluon. Le champ de Higgs, selon une opinion générale, donne une masse à la matière grâce au boson de Higgs. La question est : doit-on faire confiance à cette opinion largement partagée ?

Les physiciens n'exhibent pas une foi illimitée dans leur théorie de la physique des particules. Elle est malgré tout largement couronnée de succès, pour plusieurs raisons. Elle a prédit l'existence de particules qui (à l'exception du boson de Higgs, du moins jusqu'à présent) ont toujours été découvertes – et dans de nombreuses situations la théorie nous indique même exactement où les chercher. Les physiciens mesurent l'énergie des particules en électronvolts (eV) : par exemple, un électron acquerrait une énergie cinétique de 9 eV s'il était tiré par la tension présente entre les bornes d'une pile de 9 volts. Salaam et Weinberg demandèrent aux chercheurs du CERN si, en écrasant des particules les unes contre les autres à 80 et 90 gigaélectronvolts (GeV), ils trouveraient les bosons W et Z. C'est précisément ce qui s'est passé.

Toutefois, le modèle standard ne prédit pas tout. Il est quelque peu frustrant, par exemple, de savoir que 26 de ses constantes fondamentales ont été découvertes dans des expériences avant d'être écrites dans les équations. Certaines particules ont également été démasquées par tâtonnements successifs. Vingt années séparent la prédiction de l'existence de la particule fondamentale « quark top » de sa découverte. La raison en est, en partie, que la théorie ne donnait aucune indication où chercher (elle s'est manifestée à 170 GeV). Malheureusement, nous sommes dans la même galère avec le boson de Higgs. Nous devrions le détecter autour de telle énergie, mais personne ne connaît la valeur de cette énergie. Donc nous persévérons à construire des collisionneurs de plus en plus grands dans l'espoir d'obtenir en fin de compte la bonne énergie.

Briser puis s'emparer du Higgs

L'outil expérimental qui permet de briser des atomes possède une longue histoire. C'est de cette manière, après tout, qu'Ernest Rutherford découvrit le noyau atomique. En 1909, il décida de mettre à l'épreuve le modèle du « plum pudding » de l'atome, qui suggérait que ses charges positives et négatives étaient mélangées. Rutherford envoya un faisceau de rayonnement alpha (essentiellement des noyaux d'hélium) sur une fine feuille d'or. La plupart des particules alpha ne furent pas affectées, mais certaines furent fortement déviées. À partir de ce résultat, Rutherford en déduisit l'existence d'une minuscule région de charge positive, concentrée au centre de l'atome, qui provoquait les rares déviations incontrôlées. La physique nucléaire était née.

Depuis Rutherford, nous avons construit une panoplie d'accélérateurs de particules toujours plus grands afin de sonder la complexité du noyau, culminant avec l'état de l'art actuel : le grand collisionneur de hadrons au CERN. Contrairement à ce que laisseraient entendre les médias, le LHC n'est pas le premier accélérateur de particules à avoir servi de détecteur pour le boson de Higgs. Puisque nous n'avons aucun moyen de dire à quelle énergie il devrait être découvert – même si le modèle standard suggère qu'une bonne cible serait 96 GeV –, nous avons entretenu l'espoir de mettre la main sur lui pendant de nombreuses années. Mais d'accélérateur de particules en accélérateur de particules, à chaque fois acclamé comme étant le nouvel espoir, nous n'y sommes toujours pas parvenus.

Le premier qui avait une chance sérieuse fut le grand collisionneur électron-positron (LEP) au CERN (voir « Pourquoi y a-t-il quelque chose plutôt que rien ? »). Résidant dans un tunnel circulaire de 27 km de circonférence, le LEP accélérait des électrons et des positrons pratiquement à la vitesse de la lumière. Un anneau de 4 600 aimants guidait ces particules dans un cercle qui s'étendait de la frontière suisse en France jusqu'aux contreforts des montagnes du Jura, en dirigeant les électrons dans un sens et les positrons dans l'autre. Ces aimants pouvaient être ajustés pour guider ces faisceaux l'un sur l'autre, libérant à chaque collision une avalanche de particules. Quatre énormes détecteurs, chacun de la taille d'une petite maison, consignaient les traces laissées par ces particules. Les expériences duraient des heures, avec des collisions potentielles tous les 22 millionièmes de seconde. Ensuite, les scientifiques devaient examiner les données du détecteur, et tenter de découvrir ce qui s'était passé lorsque l'électron et le positron s'étaient heurtés violemment.

Accélérateurs de particules de haute énergie

NOM	PARTICULES INCIDENTES	ÉNERGIE
Collisionneur linéaire de Stanford (SLC)	électron, positron	100 GeV
Grand collisionneur électron-positron (CERN-LEP)	électron, positron	200 GeV
Collisionneur d'ions lourds relativistes (BNL-RHIC)	ions lourds	200 GeV
Tevatron (FNAL)	proton, antiproton	2 TeV
Grand collisionneur de hadrons (CERN-LHC) à Genève	proton-proton ; ion-ion	4 TeV

Un clin d'œil furtif du Higgs

Le LEP, qui devint opérationnel en 1989, accélérait les particules jusqu'à 45 GeV, assez pour produire le boson Z. Des améliorations ultérieures lui permirent également de produire le boson W. Vers l'époque où il fut programmé pour être arrêté, le LEP opérait à 209 GeV. Mais juste avant sa fermeture, en septembre 2000, il produisit un indice alléchant de quelque chose qui ressemble au boson de Higgs.

L'observation fut réalisée lors de collisions impliquant des énergies à peine inférieures à 115 GeV, ce qui reste cohérent avec la vision du modèle standard. Malheureusement, les observations ne furent tout simplement pas assez nombreuses pour rendre ce résultat statistiquement significatif. La seule conclusion qu'on put en tirer fut qu'en faisant appel à l'équivalence masse-énergie d'Einstein $E = mc^2$, le boson de Higgs est plus lourd que 114 GeV.

La masse du boson de Higgs est étroitement reliée à celles du quark top et du boson W. Puisque les scientifiques ont déterminé ces masses de façon encore plus précise, l'étendue des échelles énergétiques dans laquelle le boson de Higgs devrait se manifester devient plus étroite. La dernière contrainte sur la masse du boson W a porté celle du Higgs probablement aux alentours de 153 GeV, et le défi consiste dorénavant à le trouver. En 2009, les scientifiques du Fermilab ont annoncé qu'ils avaient une chance sur deux d'identifier le boson de Higgs avant la fin de 2010. Les chercheurs du LHC pourraient bien y parvenir avant. Ce nouveau collisionneur, la machine la plus puissante au monde, occupe le tunnel laissé vacant par le LEP en 2000. Il accélérera les protons à la valeur de 99,999 999 1 % de la vitesse de la lumière. Les particules se fracasseront à 14 TeV (téraélectronvolts ou 10^{12} eV). Avec toute cette énergie concentrée dans des faisceaux d'un millième de millimètre de section seulement, on comprend que certaines personnes s'inquiètent du fait que le collisionneur puisse engendrer des effets inattendus et catastrophiques (voir l'encadré « Trouverons-nous le boson de Higgs ou détruirons-nous la Terre ? »).

Des problèmes techniques ont engendré des retards importants lors de son démarrage, mais le LHC demeure le meilleur espoir de détection de la particule de Higgs. Il faudra cependant plusieurs années avant que le LHC produise des données exploitables. Ses détecteurs sont extrêmement complexes, nécessitant un nombre sans précédent d'étalonnages. Ensuite seulement, les expériences pourront débuter. Ainsi, que se passera-t-il si le Higgs n'apparaît pas dans le LHC ? Cela peut sembler choquant lorsque l'on considère les 5 milliards d'euros de coût du collisionneur, mais les physiciens sont optimistes quant à l'issue de cette recherche.

Un signe de supersymétrie

Nous partageons le point de vue que, si le boson de Higgs n'existe pas, le modèle standard de la physique volera en éclats. Pour expliquer l'asymétrie entre le photon sans masse et les bosons W et Z massifs, nous avons besoin d'un boson de Higgs ou de quelque chose du même acabit. Mais nous avons là, malgré tout, une certaine marge de manœuvre. Certains physiciens affirment, par exemple, que nous avons simplifié à l'extrême notre compréhension de ce à quoi ressemblera la signature du Higgs. Si les choses sont plus compliquées, c'est à cause d'une théorie qui va au-delà des descriptions offertes par le modèle standard. On appelle cette théorie la « supersymétrie ».

TROUVERONS-NOUS LE BOSON DE HIGGS OU DÉTRUIRONS-NOUS LA TERRE ?

Le grand collisionneur de hadrons est une machine si puissante qu'elle pourrait courber et déchirer le tissu de l'Univers. Pourrait-elle donc détruire la Terre ? Cette question est devenue le sujet d'un débat houleux, et même de poursuites judiciaires, mais la réponse est presque certainement non. Le problème vient de la forte concentration d'énergie dans les particules incidentes du LHC. Cette énergie n'est pas énorme – elle est approximativement égale à l'énergie cinétique d'un petit insecte. Mais elle est concentrée dans une région très réduite de l'espace. Nous savons d'après la théorie de la relativité que l'énergie courbe l'espace. Selon certains modèles de l'Univers, où il existe plus de dimensions spatiales que les trois que nous ressentons, une telle concentration d'énergie peut produire des petits trous noirs, où la courbure extrême de l'espace engendre ce qui est effectivement une déchirure dans l'espace et le temps.

Dans ce scénario, les trous noirs disparaissent généralement en une fraction de seconde et ne représentent aucun danger. Il y a une possibilité ténue mais finie, cependant, pour qu'ils puissent croître jusqu'à une taille significative et devenir une réelle menace. C'est la théorie soutenue par les alarmistes. La réalité est nettement plus prosaïque. Après avoir passé la théorie au peigne fin, les chercheurs concluent unanimement que la probabilité pour qu'il y ait une catastrophe est infinitésimale.

Toutefois, et c'est peut-être plus important, même si la théorie dit ce qui est possible (mais hautement improbable), nous avons aussi des résultats expérimentaux qui concernent cette discussion. Dans notre atmosphère supérieure, des particules chargées provenant de l'espace intersidéral provoquent des collisions d'énergie plus élevée que celles qui auront lieu au LHC. Elles se produisent au taux de 10 000 milliards de collisions LHC par seconde. Comme l'exprima le compte rendu de sûreté du LHC, « durant l'histoire de l'Univers, la nature a réalisé l'équivalent de 10^{31} projets LHC », ne laissant aucun signe d'un quelconque trou noir s'ouvrant puis engloutissant la Terre. Sur ce seul fondement, il n'y a aucune raison de penser que le LHC représente un quelconque danger pour l'avenir de l'humanité.

Dans la supersymétrie, chaque particule possède un « superpartenaire » qui est une réplique plus lourde d'elle-même. L'électron s'accouple avec un sélectron. Les quarks s'associent aux squarks. Et ainsi de suite. Cela introduit un bestiaire de particules beaucoup plus complexe que nous l'aurions certainement souhaité, mais l'idée est intéressante. Plus important, elle résout de nombreux écueils avec l'idée d'« unification » de toutes les forces de la nature. L'association entre les forces électromagnétique et faible, par exemple, insinue que toutes les forces ont évolué à partir d'une superforce juste après le Big Bang. Avec le refroidissement, aux énergies plus basses, la superforce s'est divisée pour donner naissance aux forces que nous reconnaissons maintenant. La supersymétrie suggère que pas moins de cinq particules sont peut-être associées au boson de Higgs. Qu'est-ce que cela implique pour la recherche ? Eh bien, comme on pouvait s'y attendre, elle la rend plus compliquée que nous l'aurions souhaité.

Sur la piste du Higgs

Chacune des particules supersymétriques du Higgs produira une signature de désintégration distincte dans les détecteurs du LHC. Chaque signature prend la forme de traînées de particules qui existent à certaines énergies puis se désintègrent en d'autres particules ayant des propriétés particulières. Bien que tout cela puisse paraître plus simple à identifier qu'un seul Higgs, la vérité est que nous risquons de passer à côté à cause de cette complexité – ou d'obtenir un faux positif à partir de la désintégration d'autres particules, non Higgs.

Les énergies de ces particules du Higgs sont telles qu'il y a également une chance pour qu'elles soient identifiées au Tevatron du Fermilab, l'accélérateur le plus puissant des États-Unis. Elles pourraient même se trouver dans les données issues du collisionneur LEP : peut-être n'avons-nous tout simplement pas regardé où il fallait. C'est une question qui demeure ouverte. Mais l'identification de n'importe quelle signature de la supersymétrie sera une bénédiction. En fait, les chercheurs du CERN espèrent trouver au LHC une preuve de la supersymétrie – et ce sera la première pièce à conviction pour celle-ci – avant de trouver le boson de Higgs.

En fin de compte, même si nous trouvons le boson de Higgs, l'origine de la masse ne sera pas entièrement dévoilée : nous ne comprenons toujours pas pourquoi les particules possèdent la masse qu'elles ont – pourquoi, par exemple, le quark a un million de fois la masse d'un électron au repos. Le Higgs réconcilie vraiment l'existence de la masse avec la manière dont la force faible fonctionne, mais la raison pour laquelle il donne tant de masse aux quarks reste un mystère. De surcroît, la masse des quarks dans un proton ajoutée à l'énergie qui lie les quarks entre eux ne suffit toujours pas à donner la masse totale du proton.

Mais pire encore, nous n'avons absolument aucune explication pour la masse de l'électron. Même si elle apparaît par la suite dans nos accélérateurs, il semble clair que la particule de Dieu est beaucoup moins cruciale pour l'avenir de la physique que son nom pourrait nous le laisser croire. Observer celle-ci – ou quelque chose qui lui ressemble – sera palpitant, mais nous pourrions également découvrir que notre divine particule possède un point faible.

SUIS-JE UNIQUE ?

Les frontières de notre Univers et l'exploration des mondes parallèles

Si vous vous êtes déjà demandé ce qui fait de vous ce que vous êtes, ou s'il existe un destin unique et prédéterminé, un chemin déjà tout tracé pour votre vie, vous vous êtes posé l'une des plus grandes questions auxquelles la physique peut espérer raisonnablement répondre.

C'est une question avec laquelle les écrivains ont joué de tout temps. Les récits de mondes différents, à portée de main du nôtre, abondent en littérature. L'idée est à la base de la science-fiction, mais forme également un thème central des livres pour enfants. Nous pouvons citer par exemple le monde imaginaire de Narnia dans les œuvres de C. S. Lewis, et l'histoire classique de Lewis Carroll, *Alice au pays des merveilles*.

Mais ces ouvrages tendent à assumer l'unicité de leurs héros et héroïnes, qui accèdent à un monde parallèle tout en restant synchronisés avec leur propre monde. C'est sans aucun doute une manifestation des limites de notre conscience, qui nous rappelle qu'il n'y a qu'un seul « moi » : je ne peux être qu'à un seul endroit à un instant donné. Mais si nous faisons abstraction de ce qu'est le « je », la réponse à notre question se dessine clairement : non, vous n'êtes pas unique. La manière dont nous sommes parvenus à cette réponse, cependant, est loin d'être simple.

Trois raisons, toutes primordiales pour notre compréhension de l'Univers, expliquent pourquoi vous pourriez ne pas être unique. La première est en rapport avec la dimension physique de l'Univers, et la question de savoir s'il possède un bord. La deuxième prend sa source dans les premiers instants de la création pour soulever les questions relatives à notre futur infini. La troisième examine la nature fondamentale du monde quantique. Si la question « suis-je unique ? » paraît stupide au premier abord, elle ne l'est pas car elle équivaut en réalité à se demander ce que nous savons sur l'Univers.

La manière la plus directe d'esquisser une réponse consiste à examiner la taille de l'Univers. Pour cela, les physiciens ont le choix entre trois possibilités. L'Univers peut être infini. Ou il peut être fini mais, telle une fourmi sur une balle de tennis, nous ne pouvons jamais en atteindre le bord. La troisième option est que l'Univers est fini, mais avec une géométrie telle que l'on pourrait sauter par-dessus son bord.

Si l'Univers est infini, alors il existe une bonne raison de croire que vous n'êtes pas unique. Même s'il contient une quantité infinie de mondes, et donc une quantité infinie de mondes avec une vie comme sur la Terre, le nombre de combinaisons possibles pour qu'un ensemble de molécules puisse façonner un être vivant doit être énorme mais fini. Cela signifierait que, quelque part, il existe une copie carbone – le jeu de mot est intentionnel – de vous-même.

Bien évidemment, vous rétorquerez immédiatement en disant que, même si toutes les structures moléculaires sont identiques, elles ne représenteront pas *vous*. Mis à part le problème des souvenirs et de l'expérience, qu'est-ce que *vous* êtes, exactement ? Mais n'allons pas trop vite : à ce stade, nous ne savons même pas si c'est une question que nous devons nous poser. La question à portée de main est désormais : l'Univers est-il fini ou infini ?

L'infini et au-delà

Les scientifiques et les philosophes ont longtemps médité sur la taille de l'Univers, mais durant la majeure partie de l'histoire, il a été considéré comme fini. Vers 140 apr. J.-C., Ptolémée concevait le cosmos comme une sphère finie centrée sur la Terre. Ce n'est qu'en 1576 que quelqu'un fit une autre suggestion. L'histoire dit que c'est l'astronome anglais Thomas Digges qui mit en avant l'idée d'un

Univers infini rempli d'étoiles analogues à notre Soleil. Digges eut plus de chance que le philosophe italien Giordano Bruno. Lorsque ce dernier fit une suggestion similaire quelques années plus tard, il déclencha la colère de l'Église catholique romaine, qui l'envoya au bûcher.

Nous ne sommes toujours pas certains de l'étendue de l'Univers. Les observations du rayonnement de fond diffus cosmologique, l'écho du Big Bang, semblent indiquer que l'Univers pourrait être fini. Les explications les plus répandues des anomalies dans le spectre de ce rayonnement suggèrent une limite à la taille du cosmos, mais il existe une multitude d'interprétations concurrentes. Ainsi, puisque nous ne sommes pas sûrs que l'Univers soit infini ou non, nous ne pouvons pas prétendre qu'il existe un autre vous dans un monde lointain. Peut-être notre deuxième option, qui a trait à la plus grande erreur d'Einstein, peut-elle jeter plus de lumière sur ce problème.

Une écume d'Univers

Cette éventualité débute avec un expédient que l'on appelle la « théorie de l'inflation éternelle », qui implique une succession de bulles d'Univers qui naissent d'une autre puis s'en séparent. Cela paraît étrange, mais il existe des preuves pour que ce soit un scénario naturel en cours. Cette idée fut initiée par la découverte d'une anomalie qui a hanté la physique dans les années 1970. Une décennie après la découverte, en 1963, du fond diffus cosmologique, peu doutaient que l'Univers ait commencé avec un « Big Bang ». Cette expression, forgée par Fred Hoyle, l'un des détracteurs les plus virulents de cette idée, était une manière de tourner en dérision l'opinion selon laquelle l'Univers explosa pour naître. Mais l'intuition était bonne, le nom était saisissant, et – par-dessus tout – il s'accordait parfaitement avec les opinions religieuses dominantes de la création. Cependant, il y avait un problème : l'Univers que l'on observait ne pouvait pas s'expliquer par un seul Big Bang.

Pour commencer, la relativité nous enseigne que l'espace et le temps se courbent en présence de l'énergie et de la matière (voir « Pourquoi une pomme chute-t-elle ? »). Cela a une conséquence profonde sur notre Univers, en altérant sa géométrie d'ensemble. Les

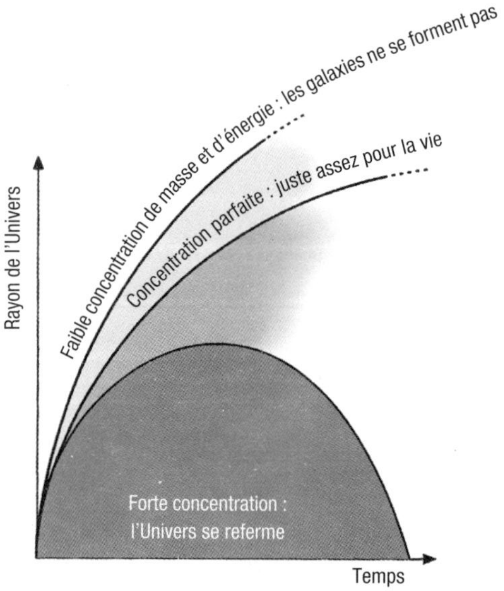

LE DÉLICAT ÉQUILIBRE QUI A DONNÉ NAISSANCE À L'UNIVERS.

conséquences de cette géométrie varient en fonction de la quantité de matière et d'énergie qu'il renferme. À des concentrations élevées, l'espace et le temps se courberaient de manière catastrophique, refermant l'Univers. À de faibles concentrations, la puissance d'expansion du Big Bang aurait dominé le développement de l'Univers primordial, éparpillant toute la matière de sorte que les étoiles et les galaxies (et les planètes habitables) n'auraient jamais pu se former. Néanmoins, notre Univers fut soigneusement réglé avec une géométrie « plate », qui nous a permis finalement d'exister. La question est : pourquoi doit-il être aussi parfaitement ajusté ?

Ce « problème de la platitude » n'est pas la seule question tenace que les cosmologistes affrontent. Il y a aussi le « problème de l'horizon ». Celui-ci provient du fait que la température aux extrémités opposées de l'Univers semble être la même. La seule explication est que la chaleur a été uniformément répartie à travers l'Univers, mais nous savons que celui-ci est trop grand pour qu'il puisse en être ainsi. La chaleur est transportée par les photons, qui sont des particules de rayonnement. Même si les photons voyagent à la vitesse de la lumière, il ne s'est pas écoulé assez de temps pour qu'ils aient pu traverser l'Univers, charriant la chaleur d'une extrémité à l'autre, et uniformisant ainsi sa répartition dans le cosmos.

L'inflation à la rescousse

Au début des années 1980, les physiciens balayèrent ces deux problèmes d'un seul revers de la main. La solution, appelée « inflation », postulait que, juste après le Big Bang, l'Univers avait traversé une période d'expansion ultrarapide. Personne n'en connaît le comment ni le pourquoi, mais une période d'inflation demeure la meilleure réponse aux problèmes que le Big Bang pose aux cosmologistes, expliquant la diffusion de la chaleur et la platitude de l'Univers. Elle fournit également un chemin vers un deuxième vous.

D'aucuns ont épilogué sur les mécanismes possibles de l'inflation depuis maintenant une trentaine d'années. Le plus célèbre d'entre eux suggère que l'inflation est une histoire sans fin. Si un minuscule point de l'espace-temps a enflé une fois, il peut le faire une nouvelle fois. Selon ces théories de l'inflation chaotique, l'énergie fluctuante inhérente à l'espace vide peut insuffler un nouvel Univers à part entière, à partir d'un point quelconque dans notre propre cadre spatio-temporel. Selon un processus continu, une ouverture se forme dans un Univers, une nouvelle bulle émerge formant un nouvel Univers, puis un étranglement les sépare à jamais l'un de l'autre.

Bien qu'il semble fantastique, ce scénario a reçu un grand coup de pouce lorsque les théoriciens des cordes s'en sont emparés en pensant qu'il pourrait résoudre leurs propres problèmes. La théorie des cordes tente de créer une théorie «ultime» de la physique qui réconcilie la relativité d'Einstein avec l'étrangeté du monde quantique. L'idée de base est que toute la matière est composée de minuscules boucles d'énergie oscillantes (appelées cordes), la fréquence des vibrations déterminant le type de matière qui se dévoile. Lorsque les théoriciens des cordes ont tenté de calculer quelle sorte d'Univers cela engendrerait, ils espéraient en découvrir un qui ressemblerait au nôtre et se comporterait de manière plutôt analogue.

Ce ne fut pas le cas. Bien qu'ils aient durement œuvré pour y parvenir, ils ne purent créer un seul Univers des cordes compatible avec celui que nous habitons. À la place, ils en créaient des milliers, chacun se manifestant avec une panoplie différente de caractéristiques. Ce problème s'embrouilla avec la découverte, en 1998, de l'accélération de l'expansion de l'Univers. Même si nous nous attendons à ce que l'Univers s'étende toujours – l'influence du Big Bang est toujours forte –, l'expansion devrait ralentir puisque l'attraction gravitationnelle de tout le contenu de l'Univers agit contre elle. Si elle s'accélère, c'est qu'une certaine force d'origine inconnue est à l'œuvre.

Il ne fallut pas longtemps pour que les physiciens s'aperçoivent que l'énergie associée à cette accélération s'élève approximativement à 70 % de la masse et de l'énergie totales du cosmos. Appelez-la comme bon vous semble – les physiciens la nomment énergie sombre –, c'est en tout cas quelque chose d'effroyable que de n'en rien connaître.

L'erreur d'Einstein

La meilleure parade au mystère de l'énergie sombre est liée à un terme mathématique qu'Einstein avait introduit d'autorité dans ses équations d'origine décrivant l'Univers. À l'époque, il ne connaissait pas le Big Bang ; il croyait que l'Univers était statique et non en expansion. Malheureusement, ses équations conduisant à un Univers instable, il incorpora donc un terme, la « constante cosmologique », pour créer un Univers ordonné et statique. Après la découverte du Big Bang, il reconnut que c'était sa « plus grosse gaffe ».

Avec la découverte de l'énergie sombre, la constante cosmologique revint sur le devant de la scène. Ce terme pourrait expliquer pourquoi l'Univers est en expansion toujours plus rapide. Mais ce n'est pas le cas, et de manière spectaculaire. La valeur calculée pour cette constante est égale à environ 10^{120} fois la valeur mesurée ! C'est-à-dire 1 suivi de 120 zéros : même les physiciens l'ont étiquetée comme étant le désaccord le plus embarrassant entre la théorie et l'expérience dans l'histoire de la science.

Mais la théorie des cordes contient une réponse. Ne vous attendez pas à comprendre pourquoi un Univers est tel qu'il est : contemplez simplement la multiplicité des mondes variés. L'inflation chaotique affirme qu'ils existent tous, de même que dans la théorie des cordes. Oui, nous vivons dans un Univers ayant une constante cosmologique inexplicablement ridicule, mais de quel droit pensons-nous être capables de calculer les valeurs des constantes de la nature à partir de rien ? Elles sont simplement ce qu'elles sont – et elles sont différentes dans chacun des innombrables Univers dont la théorie des cordes prédit l'existence.

La réflexion actuelle située à la frontière de la physique théorique dit que, plutôt que d'être un problème, la valeur inexplicable de la constante cosmologique est une preuve que la théorie des cordes est sur la bonne piste. Cela pourrait sembler d'une logique tarabiscotée, mais si les théoriciens des cordes ont raison, elle ouvre en fait la voie vers un autre vous-même. Le panorama des Univers émergeant les uns à partir des autres via l'inflation chaotique éternelle est infini. Même si, en réalité, leurs constantes de la nature sont aléatoires, certains d'entre eux seront identiques au nôtre. Cela signifie que des étoiles apparaîtront et se regrouperont en galaxies, que des éléments tels que le carbone seront synthétisés dans les cœurs brûlants de ces astres, et que des planètes se formeront. La vie émergera et, dans certains cas, des êtres humains aussi.

Et « vous » y êtes. La chance que quelque chose ayant exactement votre bagage génétique apparaisse sur une planète bleu-vert, quelque part dans un autre Univers, semble infinitésimale. Mais cette probabilité ténue se transforme en certitude lorsque nous admettons l'existence d'un nombre infini d'Univers. Vous ne pourrez jamais rencontrer votre double. Quand un nouvel Univers enfle puis se sépare de son géniteur, le contact est perdu à jamais. Vous êtes piégé dans votre propre espace-temps, votre jumeau se trouve dans une sphère distincte et inaccessible.

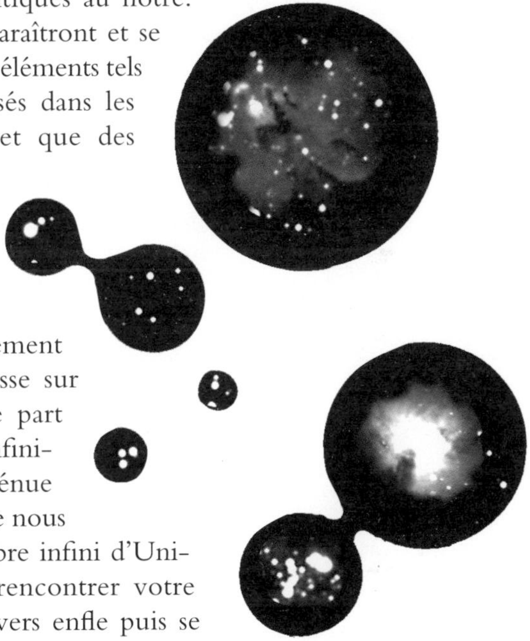

Les bulles du multivers.

Des mondes sans fin

Cependant, l'étrangeté des bulles d'Univers semble insignifiante à côté de votre troisième et dernière chance d'ubiquité. La théorie quantique fournit non seulement une occasion pour qu'il y ait un autre vous-même, mais surtout un argument pour qu'il y en ait un nombre pratiquement infini ! Le subterfuge, ici, est que chacun d'entre vous a fait un choix différent dans la vie. C'est l'interprétation des « mondes multiples » de la théorie quantique, et elle est vraiment ahurissante.

Il existe nombre d'interprétations de la théorie quantique, chacune essayant d'expliquer l'inexplicable. Cette théorie permet aux particules quantiques – les atomes, les électrons, les billes d'énergie lumineuse que sont les photons – d'exister sous plusieurs états à la fois. Ce phénomène, que l'on appelle la superposition, est un profond mystère. Par exemple, un électron peut tourner en même temps dans le sens des aiguilles d'une montre et dans le sens contraire. Un photon peut être simultanément ici et là. Un atome peut avoir deux énergies distinctes.

Dans la démonstration classique de la superposition, les physiciens projettent des électrons sur une cible qui est fendue par deux étroites incisions verticales. Le flux des électrons est si lent qu'une seule particule passe à chaque instant dans le dispositif. Nous sommes persuadés que l'électron passera par l'une ou l'autre des fentes. Plaçons un écran phosphorescent derrière les fentes, et nous devrions observer deux ensembles de taches lumineuses, là où atterrissent les électrons : l'un derrière la fente de gauche et l'autre derrière celle de droite. Mais en réalité, les choses ne se produisent pas ainsi : nous voyons une succession de bandes lumineuses que l'on appelle figure d'interférence.

L'interférence est quelque chose que nous associons aux ondes. Les vagues de l'océan interfèrent les unes avec les autres : lorsque des crêtes se rencontrent, elles se renforcent et l'eau monte plus haut. Lorsque deux creux – qui sont en réalité des quantités négatives d'eau – se croisent, une dépression encore plus profonde en résulte. Lorsqu'une crête s'unit à un creux, ils s'annulent pour donner une eau plane.

Thomas Young a démontré, il y a deux siècles, que ce phénomène s'applique aussi à la lumière. Il a prouvé que celle-ci est une onde, renversant la théorie corpusculaire de la lumière de Newton. Dans un aménagement de l'expérience de la double fente décrite ci-dessus, qui faisait passer de la lumière à travers le dispositif, l'écran de Young exhibait une succession de bandes sombres et lumineuses. Ce résultat n'était possible que si les fentes agissent toutes les deux comme des sources secondaires de lumière, où les deux ondes lumineuses incidentes interfèrent.

Mais alors, en revenant à l'électron tout seul dans l'expérience de la double fente, comment expliquer le motif d'interférence ? Comment diable peut-il y avoir des interférences avec une seule particule ? La réponse est que, bien que nous imaginions que l'électron doit traverser une fente ou l'autre, il est en réalité passé par les deux. Un électron est peut-être une particule, mais c'est aussi une onde.

Il n'existe pas de réponse facile à ce paradoxe, et les esprits les plus ingénieux de notre monde en ont sans cesse débattu depuis l'invention de la mécanique quantique. Dans les années 1950, Hugh Everett proposa un point de vue radicalement neuf. À l'époque, il ne fut pas pris au sérieux, mais aujourd'hui l'idée recueille plus de faveur. Elle est élémentaire : chaque fois qu'une particule quantique doit faire un choix, de nouveaux mondes sont créés – des mondes dans lesquels toutes les options se réalisent.

Un nouvel Univers à chaque instant

Il est facile de comprendre pourquoi l'idée d'Everett ne reçut d'abord que du mépris : qui peut avaler l'idée qu'un monde est créé chaque fois qu'un photon est émis par une étoile, ou absorbé par un atome situé dans notre rétine ? Ce sont deux événements quantiques, où une particule élémentaire est absorbée par une autre. Pouvons-nous vraiment croire que le simple fait de contempler les cieux conduise à faire naître un nouvel Univers ? Everett quitta la physique peu de temps après avoir publié cette idée. Aussi bizarre qu'elle puisse paraître, elle a néanmoins gagné de nombreux partisans, surtout parce qu'elle offre véritablement une solution raisonnable à l'étrangeté du monde quantique.

Dans l'interprétation des mondes multiples d'Everett, l'électron ne se trouve pas dans une superposition d'états lorsqu'il doit choisir entre les deux fentes, il divise le monde en deux. Dans un Univers, il traverse la fente de gauche ; dans l'autre, il se faufile à travers l'interstice de droite. Bien que nous n'ayons aucune conscience de l'existence de ces mondes différents, les particules quantiques, tels les électrons, ressentent l'influence de celles qui sont situées dans les mondes séparés. Le motif que nous observons provient de l'interférence entre les électrons qui se trouvent dans les différents mondes.

Selon cette conception, la réalité telle que nous l'imaginons est simplement la juxtaposition d'un nombre infini de réalités, chacune étant légèrement différente de la suivante. Et chacune contiendra une variante de vous-même.

La théorie des mondes multiples semble peu à peu rallier un nombre croissant d'adeptes chez les physiciens. Un sondage réalisé en 1995 parmi des physiciens présents à une conférence sur la physique quantique montra que 60 % d'entre eux pensent que c'est une interprétation correcte de la théorie. Malgré tout, de telles enquêtes ne sont pas rigoureusement scientifiques, et ne représentent en aucun cas une indication de la « justesse » d'une idée. C'est pourquoi, si vous êtes vraiment déterminé à faire toute la lumière sur cet autre vous-même, vous devez considérer une proposition radicale : le suicide quantique.

N'essayez pas de le faire chez vous, mais le protocole de cette expérience est assez simple : appliquez un pistolet chargé sur votre tempe, mais bricolez-le de telle sorte qu'en appuyant sur la détente, vous déclenchiez une mesure sur une particule quantique – le spin d'un électron, par exemple. Si celui-ci tourne dans le sens « horaire », ceux qui vous observent entendent un simple clic. S'il tourne dans le sens « antihoraire », ils voient le coup de feu.

Mais c'est là que les perspectives deviennent intéressantes. Si Everett a eu raison concernant la réalité des mondes multiples, il y aura toujours un monde dans lequel le coup de feu ne part pas. Par conséquent, votre existence consciente ne saura jamais qu'il a eu lieu. Après une douzaine de clics, vous serez convaincu que le suicide quantique est réellement un procédé permettant d'apprécier non seulement la multiplicité de votre existence, mais également votre immortalité. Mais vous ne pourrez jamais partager ce point de vue avec quiconque. De surcroît, vous pouvez avoir le beurre et l'argent du beurre ! Vous avez finalement trouvé cet autre vous-même, mais vous pouvez aussi bien l'abandonner, pour sautiller de monde en monde comme Alice dans un pays quantique des merveilles.

POUVONS-NOUS VOYAGER DANS LE TEMPS ?

Quand la relativité rencontre la science-fiction

« Les hommes de science savent parfaitement que le Temps n'est qu'une sorte d'Espace. Nous pouvons nous mouvoir çà et là dans le Temps, comme nous nous mouvons çà et là dans les autres dimensions de l'Espace. » Nous pourrions croire que cette sentence provient du futur, ou du moins d'aujourd'hui, mais en réalité elle nous vient du passé.

C'est l'Explorateur du Temps qui l'a énoncée dans *La Machine à explorer le temps* de H. G. Wells, roman publié pour la première fois en 1895. Ce qui est vraiment remarquable, c'est l'anticipation de Wells : près de vingt années se sont écoulées avant qu'Albert Einstein ne publie la théorie qui a rendu conceptuellement possibles de tels voyages dans le temps – et il fallut encore plusieurs années avant qu'on en prenne conscience.

Bizarrement, l'Explorateur du Temps de Wells ne voyage que vers le futur. Aujourd'hui, cependant, nous savons que les lois de la physique nous permettent d'effectuer des voyages en avant et en arrière dans le temps. Si vous pouvez appréhender des concepts tels que les cylindres de la taille de galaxies, infiniment longs et en rotation, les trous de ver dont l'entrée exhibe des formes exotiques d'énergie négative, et choisir entre ne jamais être né ou perdre votre libre arbitre, alors vous devez être capable d'appréhender la science du voyage dans le temps. La course est parsemée d'embûches, mais, au vu de la récompense qui nous attend, elle en vaut largement la peine.

Des boucles dans le temps

Si l'exploration du temps est aussi fascinante, c'est parce que nous sommes piégés dans le temps. Nous ne pouvons pas choisir de nous déplacer à travers lui comme nous le faisons dans les autres dimensions. Mais Wells souleva l'idée que si nous connaissions un moyen de le faire, nous pourrions être capables de considérer le temps simplement comme l'espace. Il avait vu juste.

> *« Les hommes de science savent parfaitement que le Temps n'est qu'une sorte d'Espace. Nous pouvons nous mouvoir çà et là dans le Temps, comme nous nous mouvons çà et là dans les autres dimensions de l'Espace. »*
>
> *LA MACHINE À EXPLORER LE TEMPS,* H. G. WELLS

En 1915, Einstein publia sa théorie de la relativité générale, qui décrit l'Univers comme un tissu quadridimensionnel constitué de trois dimensions d'espace et d'une de temps. Chaque fragment de matière et d'énergie dans l'Univers déforme ce tissu, modifiant sa géométrie, de telle sorte que la matière et l'énergie ressentent l'attraction que nous appelons gravité. Le Soleil, par exemple, creuse une sorte de puits dans ce tissu, dans lequel les planètes avoisinantes tomberaient si elles n'avaient pas leur quantité de mouvement. Finalement, les planètes tournent autour du Soleil comme le font, au casino, les billes véloces autour du centre d'une roulette en rotation.

Il est aisé d'imaginer comment le paysage ondulant de la gravitation agit sur le mouvement dans l'espace. Mais il en est de même pour le mouvement dans le temps : il se gondole également. Comprimez suffisamment de masse et d'énergie dans une région assez petite de l'espace, et vous pourrez même courber le temps en formant une boucle. C'est comme si vous enrouliez une nappe de caoutchouc de telle sorte que ses extrémités se joignent : vous marcherez sur la surface sans jamais parvenir à un point d'arrivée. Dans cette configuration de l'Univers, un instant se répète indéfiniment.

En 1949, dans un article de synthèse, le mathématicien autrichien Kurt Gödel fut parmi les premiers à remarquer que la relativité générale permet de créer des boucles dans le temps. Il avait résolu les équations d'Einstein et découvert que, si l'Univers est en rotation, le temps peut s'écouler en boucles. Il s'en alarma et, comme il était un proche ami et confrère d'Einstein, il lui montra son résultat. Einstein affirma qu'il était également « bouleversé » par cette éventualité. « Il sera intéressant d'évaluer sur des bases physiques si ces idées ne doivent pas être exclues », écrivit-il dans une réponse à l'article de Gödel. Ce dernier semblait partager son point de vue : quelque chose, suggéra-t-il, doit empêcher de tels phénomènes de se produire. L'Univers ne peut sûrement pas permettre aux gens de voyager dans le temps.

Retour vers le passé

Mais Einstein n'avait aucune raison d'être inquiet et le travail de Gödel était inutile. Les mouvements des galaxies nous enseignent que notre Univers n'est pas en rotation, donc les boucles dans le temps ne surviendront pas naturellement. Si nous voulons construire une machine à explorer le temps efficace, nous serons obligés de créer ces boucles.

> *« Il est possible dans ces mondes de voyager dans une région quelconque du passé, du présent et du futur, et d'y revenir, exactement comme il est possible dans d'autres mondes de voyager dans des régions éloignées de l'espace. »*
>
> KURT GÖDEL

Mais nous avons en fait quelques idées pour y parvenir. La première date de 1976, lorsque Frank Tipler de l'université Tulane à La Nouvelle-Orléans, en Louisiane, esquissa les plans d'une machine à explorer le temps. Tipler montra qu'un cylindre d'une masse colossale, infiniment long et en rotation rapide, tordrait suffisamment le tissu de l'Univers pour créer une boucle dans le temps.

À nouveau, cependant, cette machine à explorer le temps n'eut pas d'avenir. Ce n'est certainement pas le type de dispositif qu'avait envisagé Wells : son Explorateur du Temps avait construit une machine qui tenait dans sa demeure. Il est irréaliste de faire tenir des cylindres infiniment longs dans un atelier, quelle que soit sa taille. Mais voici une autre possibilité : utiliser des machines à explorer le temps que la nature à déjà construites. En 1991, l'astrophysicien de Princeton J. Richard Gott montra que l'Univers pourrait contenir les ingrédients nécessaires pour servir de matière première à une machine à explorer le temps. Ce matériau est un filament superdense de « corde cosmique ».

Selon certaines théories de la formation de l'Univers, les cordes cosmiques seraient apparues dans les premiers instants de la création, et devraient subsister dans l'Univers actuel. Elles représentent, sur le fond, des défauts dans l'espace, un peu à la manière de cicatrices qui se seraient formées lorsque l'Univers traversait une période de changement rapide. Une corde cosmique est une créature redoutable : bien que son diamètre soit inférieur à celui d'un noyau d'atome, elle s'étend en longueur sur tout l'Univers. Pour commencer, il nous faut deux cordes cosmiques.

La densité extrême de chacune des cordes courbe l'espace-temps de telle manière que nous pourrions créer une boucle dans le temps en les plaçant côte à côte, puis en les écartant rapidement. Si nous voyagions en formant une boucle autour de ces cordes cosmiques en mouvement, chaque fois que nous reviendrions à notre point de départ, nous nous retrouverions à un instant de notre passé. Gott compare cela à un dessin d'Escher. De même qu'Escher déformait la perspective pour créer des effets géométriquement impossibles, les cordes courbent si intensément la géométrie de l'espace-temps autour d'elles qu'il ne suit plus les lois qui nous sont familières.

Il fit remarquer que le même effet pourrait être obtenu en propulsant des particules de très haute énergie l'une vers l'autre, de sorte qu'elles se frôlent à une distance infime. L'énergie courbe l'espace-temps autour de chaque particule, et lorsque ces dimensions fortement tordues se rencontrent, elles pourraient former une boucle temporelle. Ce n'est cependant pas une boucle dans laquelle nous pourrions entrer puis en faire le tour. Mais il existe une machine à explorer le temps beaucoup plus intéressante, et réalisable : c'est le trou de ver imaginé par l'astrophysicien américain Kip Thorne.

Dans le trou de ver

Vous avez certainement déjà entendu parler des trous de ver parce qu'ils sont incontournables en science-fiction. Alors que le cosmologiste Carl Sagan rédigeait son roman *Contact*, il voulut trouver un moyen plausible d'envoyer en un instant son héroïne sur Véga, une étoile située à 26 années-lumière. Sagan demanda l'opinion de Thorne, qui s'échina à découvrir une solution. Il la découvrit dans un article qu'Einstein avait écrit avec Nathan Rosen en 1935.

Ils avaient résolu un problème relatif aux trous noirs, les résidus d'étoiles massives s'étant effondrées sous leur propre poids. Au cœur d'un trou noir réside une « singularité », sorte de rupture dans l'espace-temps. Einstein et Rosen avaient imaginé que ce cœur central est connecté à une autre région de l'espace-temps. C'est le pont d'Einstein-Rosen. Thorne réalisa immédiatement que c'était la réponse que cherchait Sagan.

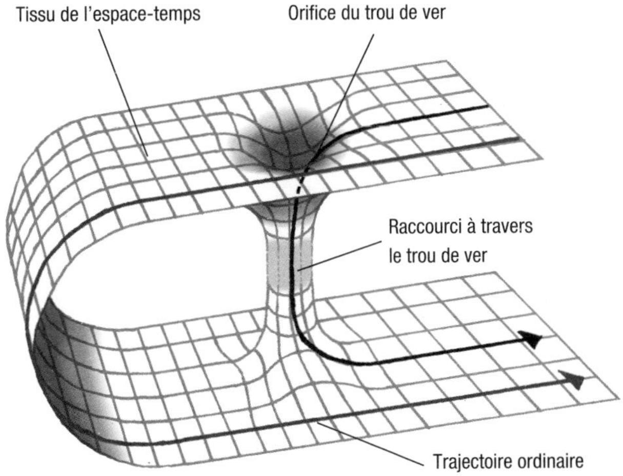

LE RACCOURCI À TRAVERS UN TROU DE VER.

Imaginez que vous ayez à tracer une voie ferrée reliant les deux versants d'une colline. Vous pourriez la faire monter d'un côté puis redescendre de l'autre. Vous pourriez également faire en sorte que la voie contourne la colline. Mais un tunnel creusé à travers celle-ci serait un itinéraire plus court et plus rapide. Puisque le temps et l'espace sont si étroitement reliés en relativité (les physiciens les réunissent et parlent de « l'espace-temps » comme du tissu de l'Univers), nous pouvons faire pour le temps ce que les ingénieurs des chemins de fer ont déjà fait pour l'espace : concevoir un raccourci. Une analyse ultérieure de la géométrie de ces raccourcis à travers l'espace-temps a montré qu'ils fonctionneraient pour des voyages dans le temps.

Un raccourci dans le temps

Pour déterminer un point dans l'espace-temps, il faut préciser une position et un instant : la tour Eiffel à midi aujourd'hui, par exemple. Si c'est un orifice du trou de ver, l'autre pourrait être la tour Eiffel, hier midi. Si vous entrez dans le trou de ver aujourd'hui, vous en ressortirez au même point de l'espace, mais 24 heures plus tôt. Pour aller de l'entrée à la sortie du trou de ver, vous mettrez une certaine durée finie, mais ce n'est pas un problème. En théorie, vous pourriez sauter dans l'orifice, émerger dans le passé puis attendre assez longtemps pour vous voir sauter dans le trou de ver.

Bien sûr, il y a plusieurs obstacles à surmonter, l'un d'eux étant : où trouver un trou de ver ? Bien qu'ils existent en tant que solutions des équations d'Einstein, nous n'avons aucune preuve de leur existence. Il reste toujours une possibilité lointaine d'en créer un en faisant entrer en collision des particules subatomiques ultrarapides. Diverses idées théoriques indiquent que cette énergie fortement concentrée pourrait courber suffisamment le tissu de l'espace-temps pour le déchirer et y former un trou. Mais même dans ce cas nous ne pourrions contrôler la situation.

L'espace-temps est comme l'élastique : il n'aime pas être étiré. Lorsqu'il se déchire pour créer un trou de ver, cela produit un déséquilibre dans l'énergie, qui tend à tirer sur l'ouverture du trou pour la refermer. La seule manière de maintenir ouvert l'orifice d'un trou de ver, supposent les physiciens, c'est de le comprimer avec de « l'énergie négative » qui laisse béante l'ouverture naturelle. Bien que de la matière transportant de l'énergie négative puisse exister, nous n'avons aucune idée de ce qu'elle pourrait être ni où chercher pour en trouver. Si l'on pouvait maintenir le trou de ver ouvert, rien ne nous assure que le trou se connecterait à une autre région de l'espace-temps. Et si c'est le cas, irait-il là où nous voulions qu'il aille ?

La meilleure parade à ce problème (si l'on admet l'existence d'un trou de ver et des pouvoirs technologiques fantastiques avec l'énergie négative) serait donc d'accrocher une extrémité d'un trou de ver à une étoile à neutrons, un objet incroyablement dense. Bien qu'elle ne fasse approximativement que 20 km de diamètre, une étoile à neutrons pèse beaucoup plus lourd que le Soleil. Dans le champ gravitationnel de la Terre, une cuillerée à café de la matière d'une telle étoile pèserait un milliard de tonnes.

Cette concentration de masse courbe violemment l'espace-temps qui enveloppe l'étoile à neutrons. Une des conséquences en est que le temps ralentit à l'approche d'un tel astre. Près de celui-ci, le temps avance à environ 30 % de la vitesse qu'il a sur la Terre. Alors, attelez une extrémité d'un trou de ver à une étoile à neutrons, puis laissez l'autre ouverture occuper l'espace vide, et un décalage temporel se mettra en place entre les deux orifices du trou de ver. En théorie, cela signifie que vous pourriez entrer dans le trou un certain temps après que vous en serez sorti par l'autre extrémité.

Préserver l'écoulement du temps

D'accord, rien de tout cela n'est facile à mettre en œuvre. Pourquoi ? Ce n'est pas parce que la création d'une machine à explorer le temps viole une certaine loi fondamentale de la physique. Une meilleure réponse consiste à faire remarquer que nous agissons en suivant des lois qui « conspirent » contre les voyages dans le temps. Comme Gödel et Einstein l'ont suggéré, ce sont peut-être les conséquences perturbantes du voyage d'un explorateur dans son passé qui nous alertent sur le fait que quelque chose dans l'Univers doit le rendre impossible.

Comme le savent tous les scénaristes d'Hollywood, le voyage dans le passé prodigue à coup sûr des dilemmes fascinants et étranges. L'un d'eux, désormais classique, est le « paradoxe du grand-père ». Que se passe-t-il si vous voyagez dans le passé et tuez votre grand-père lorsqu'il était un jeune garçon ? Cela signifierait qu'un de vos parents ne serait jamais né. Cela annulerait-il du même coup votre propre existence ? Seriez-vous alors effacé de la réalité ?

Trois réponses sont possibles. La première, et la plus plausible aux yeux des physiciens qui réfléchissent beaucoup sur les voyages dans le temps, est ce que l'on appelle la « conjecture de protection chronologique ». Elle fut imaginée par Stephen Hawking en 1992, et elle postule que certains des aspects encore inconnus du monde naturel se manifesteront si la causalité, le rapport de cause à effet, se trouvait violée. De manière fondamentale, les lois de la physique conspirent pour protéger le passé. C'est une idée élégante.

Où qu'ils cherchent, les physiciens rencontrent immanquablement des facteurs imprévus qui rendent ardue toute tentative de construire une machine à explorer le temps. Nous avons par exemple besoin d'énergie négative pour les trous de ver. Dans la machine à cordes cosmiques de Gott, l'Univers conspire contre nous si nous rassemblons une masse suffisante dans une région assez petite de l'espace. Les versions quantiques des machines à explorer le temps – proposées pour intégrer la physique que nous ne comprenons pas encore entièrement mais qui devra un jour être prise en considération pour les voyages dans le temps – indiquent même qu'elles ont, elles aussi, leurs propres obstacles.

Malgré tout, la conjecture de protection chronologique de Hawking n'est qu'une idée, un truchement permettant d'esquiver les questions embarrassantes concernant le paradoxe du grand-père, sans obliger les physiciens à renoncer à la recherche sur les voyages dans le temps. La deuxième possibilité permettant de sauver votre grand-père vient du monde quantique, où les problèmes étranges peuvent toujours trouver des solutions tout aussi étranges. Dans cette situation, l'idée est plutôt élémentaire : tout ce qui se produit crée un nouvel Univers qui ne possède aucune connexion avec tous les autres.

Cette idée, sortie de l'imagination de Hugh Everett dans les années 1950, est connue sous le nom d'« hypothèse des mondes multiples » (voir « Suis-je unique ? ») et est employée pour résoudre un vieux problème en mécanique quantique. Son application aux paradoxes du voyage dans le temps est également simple – et tout aussi exaspérante. Si vous voyagez dans le passé, et tuez le jeune garçon que vous pensez être votre grand-père, vous entrez dans un monde parallèle distinct, où vous n'existez qu'en tant qu'explorateur du temps, une existence complètement séparée de celle du petit-fils. Il n'y a pas d'« autre vous » dont l'existence pourrait être remise en question. Le paradoxe est ainsi résolu.

Mais, encore une fois, pas d'une manière particulièrement satisfaisante. La troisième idée est simplement que nous n'avons pas la maîtrise du monde externe que nous pensons façonner. Cette approche du paradoxe indique que vous perdrez votre libre arbitre et ne serez pas capable de tuer votre grand-père quand bien même vous le voudriez. C'est un sujet compliqué, qui soulève des questions philosophiques devant lesquelles les physiciens se trouvent démunis. S'ils veulent réellement connaître le dénouement du paradoxe du grand-père, ils devront construire une machine à explorer le temps et y embarquer.

Vers le futur

Cette discussion semble nous conduire à la conclusion que nous ne pouvons pas voyager dans le temps. Mais rien n'est plus éloigné de la vérité. Nous savons que le voyage dans le temps est possible car nous en avons déjà effectué un.

Les astronautes des missions Apollo, qui sont allés jusque sur la Lune puis en sont revenus, ont véritablement été les premiers explorateurs mondiaux du temps. Le plus grand d'entre eux est le cosmonaute russe Sergei Krikalev, qui fit le tour de la Terre pendant environ 800 jours à 28 000 km/h. Krikalev se trouve maintenant un quarante-huitième de seconde dans le futur.

Vous n'avez même pas besoin d'être un cosmonaute pour voyager dans le temps. Les expériences avec des horloges atomiques de très grande précision, qui ont effectué des vols autour de la Terre, ont montré qu'elles s'étaient déplacées dans le futur. Un voyage autour du monde dans un avion pourrait vous faire gagner quelque chose de l'ordre de quelques milliardièmes de seconde. Pourquoi ? La réponse se cache dans la théorie de la relativité restreinte d'Einstein.

La relativité restreinte (voir « Qu'est-ce que le temps ? ») déclare que l'écoulement du temps pour toute personne ou objet est relatif, et dépend de son mouvement. Si vous décollez sur une fusée à destination de, disons, Alpha du Centaure, votre montre ralentira par rapport aux horloges restées sur Terre. Si votre fusée voyage à une vitesse proche de celle de la lumière, cette différence de temps mesuré peut être très importante. Au terme d'une expédition lointaine mais ultrarapide, il est possible que vous reveniez sur Terre quelques années plus tard seulement, mais vous découvrirez alors que toutes les personnes qui sont restées sur le plancher des vaches auront davantage vieilli que vous.

Selon ce scénario, si vous avez un frère jumeau, il n'aura plus le même âge que vous. Les lois de la physique autorisent tout à fait ce résultat surprenant, que l'on appelle le paradoxe des jumeaux. Le plus remarquable est que cette différence dans l'écoulement du temps signifie que le jumeau qui voyage a été transporté dans le futur de la Terre. Lorsque vous revenez de votre expédition dans l'espace, vous découvrez que vous avez également voyagé dans le temps : il s'est écoulé plus de temps sur Terre que pour vous. Nous pouvons en conclure que nous pouvons véritablement voyager dans le temps – et certains hommes l'ont déjà fait. Ce voyage dans le futur est, tout de même, relativement facile. C'est le voyage dans le passé qui s'avère si difficile. Viendra-t-on à bout de ces embûches ? Seul le temps nous le dira.

LE BOUCLIER MAGNÉTIQUE DE LA TERRE EST-IL EN TRAIN DE S'AFFAIBLIR ?

La dérive des pôles, le noyau turbulent de la planète et la vie sur Terre menacée

Pouvons-nous éviter de subir le sort de Mars ? Le bouclier magnétique de la planète rouge a disparu, et son atmosphère, soufflée par le Soleil, a laissé un désert stérile. La Terre connaîtra-t-elle le même destin ?

Le champ magnétique terrestre, ou magnétosphère, fait partie de la biosphère depuis que la vie est apparue sur Terre. Les bactéries, les plantes et les animaux sont affectés par son orientation. Sans lui, de nombreuses espèces d'oiseaux seraient réellement égarées – pierre angulaire des stratégies de migration, il leur permet, par exemple, d'échapper aux rudes hivers nordiques.

Si l'homme n'est pas sensible au champ magnétique terrestre, contrairement à beaucoup d'animaux, ce champ n'en est pas moins d'une grande utilité. Il maintient notre atmosphère en place et nous protège des radiations solaires intenses ou encore des orages magnétiques qui pourraient bouleverser nos réseaux électriques, nos communications aéronautiques et par satellite. Si le bouclier magnétique devait s'affaiblir, il vaudrait mieux le savoir le plus tôt possible.

La dérive des pôles

Nous ne saurons probablement jamais quelle fut la première civilisation capable d'exploiter le champ magnétique terrestre. On croyait, jusqu'à peu, que les Chinois avaient été les premiers à employer des minéraux magnétiques, appelés « poissons indiquant le sud », dans le but d'aligner leurs bâtiments selon les principes du feng shui. Les preuves de cette pratique ne remontent pas au-delà de 400 av. J.-C. C'est donc la magnétite découverte à Veracruz, au Mexique, en terre olmèque, qui serait le plus ancien objet magnétique façonné.

Les Olmèques, qui vécurent entre 1400 et 1000 av. J.-C., furent, pense-t-on, la première civilisation du Nouveau Monde. La magnétite découverte au début des années 1970 est façonnée en un lingot qui, posé sur le sol, offre peu de surface de friction et présente une rainure au centre d'une de ses extrémités. Elle ressemble, pour ainsi dire, à une aiguille de compas.

Lorsque le physicien John Carlson annonça la mise au jour de la magnétite chez les Olmèques, il attira l'attention sur le fait que l'alignement de leurs édifices s'écartait de 8° vers l'ouest par rapport au nord, qualifiant cette pratique de « curiosité ». Mais au cours des siècles suivants, d'autres preuves montrèrent que cela révélait en réalité l'inconstance du champ magnétique terrestre. Et c'est pourquoi l'on pense qu'il pourrait être en train de s'affaiblir.

Une boussole qui n'indique pas le nord

Les mesures modernes du champ magnétique ne remontent qu'à 200 ans environ. Il existe cependant des témoignages plus anciens de sa dérive. Au Danemark, par exemple, une centaine d'églises datant du XIIe siècle présentent une orientation qui s'écarte d'environ 10° par rapport à l'axe magnétique est-ouest actuel. Comme chez les Olmèques, il est donc probable que les boussoles indiquaient une autre direction lors de leur construction.

Des relevés plus fiables du champ magnétique terrestre furent entrepris au début du XIXe siècle, lorsque Alexander von Humboldt établit des mesures au cours d'un voyage dans l'Atlantique Sud. Il nota que l'intensité du champ diminuait dans cette région. En 1804, il fit part de ses découvertes à l'Institut de France, mais des affirmations contraires s'élevèrent rapidement, jetant la confusion sur les résultats. Humboldt s'adressa alors au mathématicien allemand Carl Friedrich Gauss, et obtint son aide pour élaborer un atlas d'observations magnétiques. Gauss, un esprit universel qui avait fait de nombreuses découvertes dans divers domaines scientifiques, effectuait déjà des recherches sur le magnétisme terrestre et se montra très enthousiaste. En 1840, il avait déjà écrit trois articles importants sur le magnétisme – dont une manière de définir le champ terrestre – et construit un observatoire magnétique mobile excluant tous les champs à l'exception de celui de la Terre.

L'atlas géomagnétique de Gauss fut publié en 1836. Après ces premières tentatives, les mesures du champ terrestre se sont poursuivies, et nous sommes aujourd'hui en possession d'un relevé qui s'étend sur 150 ans. L'une des découvertes majeures faite par des explorateurs en 1831, puis confirmée en 1904, est que le pôle Nord magnétique se déplace. Entre ces deux dates, il avait déjà dérivé de 50 kilomètres. Au cours du XXe siècle, le pôle s'est déplacé vers le nord de 10 km par an environ, et le phénomène semble s'accélérer. Actuellement, il progresse à peu près de 40 km par an.

Mais des enregistrements indiquent d'autres changements. Aux latitudes moyennes, les aiguilles des compas dérivent d'un degré par décennie. Et il y a bien une anomalie dans l'Atlantique Sud : les mesures par satellite montrent, sous l'océan Atlantique à l'ouest de l'Afrique du Sud, des lignes de champ qui semblent converger pour former un pôle magnétique. L'« anomalie magnétique de l'Atlantique Sud » présente des lignes magnétiques inversées, couvrant une grande partie de l'Amérique du Sud, qui brouillent notre vision d'ensemble du champ terrestre. Enfin, depuis les mesures de Gauss, l'intensité du champ magnétique terrestre général a diminué de 10 %. Afin de saisir les conséquences pour l'avenir, les scientifiques ont tenté de découvrir l'origine de notre champ magnétique.

Sphères liquides agitées

Puisque la Terre présente un pôle Nord et un pôle Sud, on serait tenté de penser que son champ magnétique proviendrait d'une sorte de barre magnétique profondément enfouie dans la Terre. Mais les choses sont loin d'être aussi simples. Le champ magnétique est généré au cœur de la planète par une sphère turbulente de fer et de nickel en fusion. Le noyau de la Terre proprement dit est une sphère

LE MAGNÉTISME ANIMAL

Certains animaux sont sensibles aux champs magnétiques et bien des migrations les plus ambitieuses impliquent une navigation basée sur le champ magnétique terrestre. Le périple de 13 000 km de la tortue caouanne, l'incroyable voyage du papillon monarque à travers l'Amérique du Nord, et la traversée des continents par le balbuzard, impliquent tous une détection du champ magnétique. De plus en plus d'indications sont rassemblées sur la manière, encore mal connue, dont ils procèdent. Les tissus de nombreuses espèces animales – grenouilles, abeilles, thon jaune et bactéries, etc. – contiennent de la magnétite, qui s'aligne sur un champ magnétique externe.

Les cellules du cerveau de certains oiseaux migrateurs renferment de la magnétite. Mais les oiseaux ont également une « vision magnétique ». Les neurones impliqués dans la vision de la fauvette des jardins migratrice contiennent des cryptochromes, des protéines sensibles aux champs magnétiques de faible intensité. Lorsqu'elles sont exposées à des champs d'orientations différentes, les protéines produisent des combinaisons spécifiques de molécules. La lumière « bleue » du soir, en particulier, semble stimuler efficacement la production de ces molécules, à un moment de la journée où les oiseaux s'orientent.

D'autres espèces, non migratrices, semblent dotées d'une sensibilité magnétique. Des images de troupeaux de vaches laitières et de bœufs en train de paître, prises par satellite sur tous les continents, indiqueraient qu'ils ne s'écartent pas de plus de 5° de l'axe nord-sud. Des incertitudes demeurent, car les vents dominants, par exemple, sont peut-être à incriminer. L'observation est néanmoins intrigante et pourrait être liée au décalage variable entre le nord géographique et le nord magnétique. Dans l'Oregon, où le champ est puissant, les vaches s'écartent de 17,5° du nord géographique en direction du nord magnétique. Si autant d'animaux possèdent ce sens, qu'en est-il des hommes ?

Il n'existe pas de preuve indiquant la présence d'un sens conscient des champs magnétiques chez l'homme, mais des études ont fait le lien entre des questions de santé humaine et les champs magnétiques. Des recherches en Russie, en Australie et en Afrique du Sud ont montré des relations entre les périodes d'activité géomagnétique et l'augmentation du taux de suicides et de dépressions. La cause première reste un mystère, quoique des chercheurs aient suggéré que les variations géomagnétiques pourraient affecter la production de mélatonine et les rythmes circadiens – tous deux associés à des troubles de l'humeur.

dense de 1 250 km de diamètre. Les températures y sont extrêmes, des milliers de degrés, et seule la pression exercée par le poids de la planète empêche le fer de fondre.

Autour de ce noyau central se trouve le métal en fusion qui génère le champ magnétique. La chaleur du noyau parcourt ce liquide, créant des courants de convection qui font monter du métal liquide brûlant vers le manteau, la couche située sous la croûte. Ce liquide refroidit en montant et ainsi retombe. Le mouvement de ce conducteur métallique crée de l'électricité qui s'accompagne toujours d'un champ magnétique. La combinaison crée une « géodynamo » autonome qui maintient le champ terrestre.

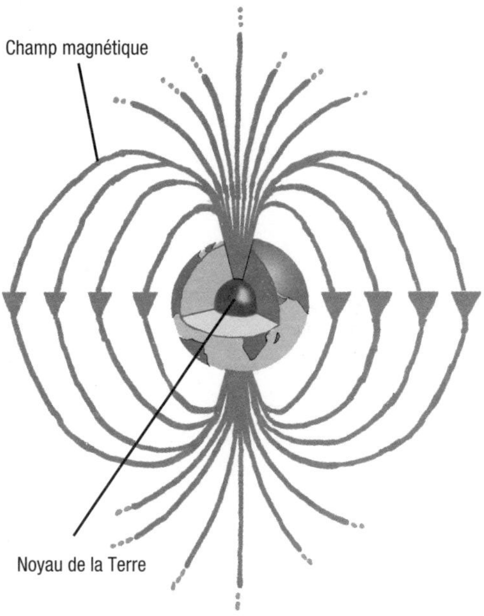

L'ORIGINE DU CHAMP MAGNÉTIQUE TERRESTRE.

Cette géodynamo engendre un champ magnétique extrêmement complexe. Comme la Terre tourne sur son axe, les lignes du champ subissent une torsion, créant de nouveaux courants à l'intérieur du noyau externe liquide, à l'origine de nouvelles lignes de champ magnétique. Un nouveau champ peut ainsi parfois surgir à l'intérieur du noyau. Il s'additionne au champ courant, mais si son orientation diffère du champ dominant, le magnétisme de la Terre peut s'affaiblir.

C'est peut-être ce qui se produit avec l'anomalie magnétique de l'Atlantique Sud, et aussi l'origine de l'apparent affaiblissement du champ terrestre actuel. Les chercheurs n'ont cependant aucune certitude, car les dynamiques du champ créées par des géodynamos aussi importantes sont trop complexes pour que nos modèles mathématiques percent leurs secrets. Des chercheurs en géodynamo, frustrés, complètent leurs modèles mathématiques en créant des géodynamos réelles, nécessitant un matériel à haut risque. Pour obtenir en laboratoire la mise en rotation d'un métal en fusion, vous ne pouvez en utiliser un qui fond à des milliers de degrés. Le meilleur candidat est donc un métal comme le sodium, qui fond à moins de 100 °C.

Mais l'utilisation du sodium n'est pas sans danger. Il peut, au contact de l'eau ou de l'air, s'enflammer et provoquer de terribles explosions. Des chercheurs ont pourtant réussi à simuler, dans une sphère en rotation de sodium liquide, ce qui se déroule dans la Terre. Le résultat, impressionnant, montre des champs magnétiques dont le comportement complexe se rapproche de celui de la géodynamo, avec même des « inversions », quand les pôles Nord et Sud échangent leurs positions. Au cours de ce processus, le champ s'amenuise, devient très complexe puis s'intensifie à nouveau, mais cette fois avec une polarité inversée.

Lors d'une inversion, le champ magnétique demeure mal défini pendant un certain laps de temps. Cela pourrait-il arriver à la Terre, avec les résultats désastreux que l'on imagine ? Malheureusement, les simulations ne sont pas assez fiables pour se prononcer sur ce point. Le mieux serait sans doute de rechercher les preuves figées dans la croûte rocheuse, et tenter d'extrapoler ces découvertes.

Gravés dans la roche

Dans les roches en fusion charriées par les volcans et dans les fractures des rifts océaniques, des cristaux magnétiques – d'infimes grains de magnétite, par exemple – se déplacent librement en s'orientant selon le champ magnétique terrestre. Lorsque la roche refroidit, l'orientation se fige, donnant une roche dont le champ magnétique pointe vers le nord magnétique de l'époque. Grâce à la datation de ces roches et à leur orientation magnétique, les chercheurs peuvent établir une représentation des déplacements du « nord » au cours des millénaires. C'est ainsi que nous avons acquis les premières certitudes d'un affaiblissement du bouclier. En 1904, des études géomagnétiques dans le Massif central ont révélé que l'orientation des cristaux magnétiques dans les roches a considérablement varié par rapport à nos jours. Dans les années 1920, de semblables découvertes réalisées dans le monde entier ont donné naissance au domaine du paléomagnétisme.

Nous possédons aujourd'hui la preuve qu'au cours des derniers 20 millions d'années, le champ de la Terre s'est effondré pour s'inverser plus de soixante fois. Une inversion se produit tous les 500 000 ans environ et prend des milliers d'années pour s'accomplir. Ce phénomène n'a pourtant rien de régulier. Parfois, comme à l'époque des dinosaures, aucune inversion n'intervient pendant des dizaines de millions d'années. Ainsi, aucune n'a été observée depuis 780 000 ans. Une inversion serait-elle donc imminente ? Est-ce la raison pour laquelle le magnétisme terrestre diminue à un rythme qui paraît alarmant ?

Nous avons appris, grâce au journal de bord du capitaine Cook lors d'un voyage dans les mers du Sud, que cet affaiblissement est récent. Des journaux de bord qui remontent à 1590 consignent, entre autres, la direction du champ magnétique et l'angle que forment les lignes du champ à l'endroit où elles pénètrent dans la Terre. Il s'agissait d'une astuce salutaire en navigation – la survie des marins en dépendait à bien des égards. Un déclin de l'intensité du champ a été enregistré depuis les mesures de Gauss en 1840 ; en revanche, aucun changement n'apparaît sur les relevés de navires entre les valeurs de 1590 et les mesures d'intensité de Gauss.

Bien sûr, nos données sont sans doute insuffisantes pour tirer des conclusions ; l'« anomalie magnétique de l'Atlantique Sud » peut nous induire en erreur. Ces mesures et découvertes singulières ont-elles des raisons de nous inquiéter ? Si l'on considère le rôle essentiel que le champ magnétique terrestre a joué – et joue encore – dans le développement de la vie sur Terre, la réponse est positive.

Le grand protecteur

La planète bleue, que nous considérons comme notre foyer, est située à peu près à 150 millions de kilomètres du Soleil, dans la zone habitable, là où la vie peut se développer parce que le climat n'est ni trop chaud ni trop froid. Mais le Soleil ne produit pas que de la chaleur. Sa surface est une masse de plasma turbulent, un gaz composé de particules hautement chargées en énergie. Elles émanent en permanence de l'astre et se déplacent dans l'espace sous la forme de « vent solaire ». Notre champ magnétique joue un rôle capital en déviant la plupart de ces particules, seule une petite portion d'entre elles atteignant la surface de notre planète.

Lorsque les particules du vent solaire heurtent l'atmosphère à une altitude élevée, certaines forment des cascades de particules chargées. Leur énergie est alors libérée et prend l'aspect d'une lueur fluorescente, l'aurore boréale ou lumières du Nord. Cependant, certaines de ces particules atteignent la Terre sous forme de radiations qui ont dû constituer, à maints égards, une force positive. Elles peuvent, par exemple, influencer l'évolution de la vie sur Terre. En endommageant l'ADN, elles entraînent des mutations chez les êtres vivants et facilitent ainsi le processus de l'évolution.

LORSQUE FRAPPE LE SOLEIL

Notre champ magnétique est particulièrement utile lorsque notre étoile produit une « tempête solaire ». Le phénomène coïncide souvent avec l'apparition à la surface du Soleil de taches, qui sont les indicateurs d'une forte activité magnétique sous sa surface. Le mouvement chaotique des particules indique que les champs se tordent et tournoient dans tous les sens, créant parfois une éruption qui projette des bulles de plasma. Propulsées vers la Terre, leur champ magnétique, intense, interagit avec notre magnétosphère.

Selon leur orientation relative, deux phénomènes peuvent se produire. Si les champs sont alignés, ils glissent l'un sur l'autre. Mais lorsque le champ d'une bulle de plasma plus importante s'oppose au champ terrestre, les choses sont beaucoup plus spectaculaires : le champ magnétique de la bulle de plasma crée une ouverture dans le champ terrestre par où s'engouffrent les particules. Le résultat peut être désastreux et endommager les satellites et les réseaux électriques terrestres. Ce fut le cas en mars 1989, lorsqu'un violent orage solaire a provoqué une panne d'électricité dans la province canadienne du Québec, laissant pendant neuf heures six millions de personnes sans électricité.

Toutefois, les radiations comportent également un danger. Trop importantes, les mutations de l'ADN peuvent aboutir à la stérilité, provoquer des cancers – et même, c'est une possibilité, induire l'extinction de certaines espèces. Si ces radiations n'ont pas détruit la vie sur Terre, c'est essentiellement grâce à notre champ magnétique qui dévie une grande partie du vent solaire. Qu'arriverait-il si le champ venait à disparaître ?

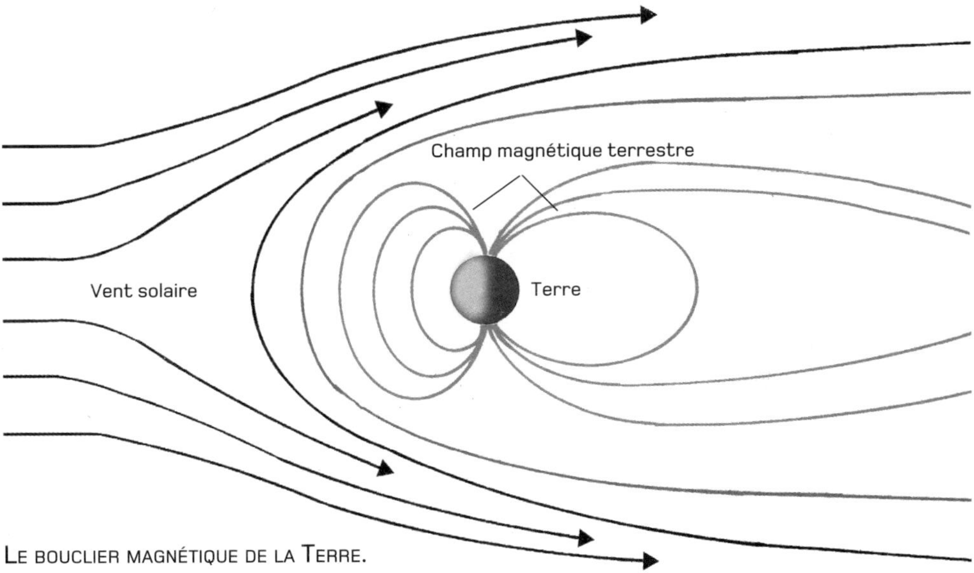

LE BOUCLIER MAGNÉTIQUE DE LA TERRE.

Si le bouclier venait à faiblir

Nous savons que notre champ magnétique est apparu il y a au moins 3,2 milliards d'années et la première forme de vie connue, il y a 3,5 milliards d'années. Par conséquent, il est clair que la vie a évolué dans le champ magnétique parce qu'il lui était nécessaire. Il y a environ 4 milliards d'années, la Lune et Mars possédaient toutes deux un champ magnétique, dont il ne reste rien – pas plus qu'elles n'abritent la vie, pour autant que l'on sache.

L'explication la plus vraisemblable est qu'elles auraient refroidi plus vite en raison de leur taille réduite, perdant la chaleur nécessaire au maintien d'un noyau liquide en mouvement. Grâce à ses plus grandes dimensions, la Terre a pu conserver la chaleur de son noyau, tandis que les plaques tectoniques refroidissent le manteau en contact avec lui. Cette différence de température crée des courants de convection puissants, capables de mouvoir les roches ferreuses en fusion et de former ainsi un champ magnétique.

Le champ magnétique possède un autre lien avec la vie en ce qu'il retient notre atmosphère. Il dévie le vent solaire en évitant à l'atmosphère d'être bombardée de particules solaires. Des relevés de l'ionosphère résiduelle de Mars indiquent une épaisseur plus importante là où les roches ont conservé leur magnétisme. La disparition de l'atmosphère semble donc liée à la perte du champ magnétique. Ainsi, la magnétosphère terrestre ne nous protège pas seulement des radiations, elle permet aussi à notre atmosphère de se former et de se développer, nous procurant de l'oxygène pour respirer. Serions-nous en train de perdre l'air que nous respirons ?

La réponse est, très probablement, non. L'inversion va sans doute se produire, mais toutes nos expérimentations et observations semblent indiquer qu'une inversion magnétique prendra, au bas mot, quelques milliers d'années. Au cours de ce processus, le champ terrestre s'affaiblira et deviendra beaucoup plus complexe, mais il sera suffisamment puissant pour retenir l'atmosphère. En somme, ce ne sera pas forcément un désastre.

Les êtres humains risquent bien alors de recevoir davantage de radiations solaires, mais nul ne peut dire si cela posera un problème. Il est possible qu'il se produise une extinction de masse en raison des dommages causés à l'ADN, mais à cette échelle, tant d'autres facteurs entrent en jeu que tout est possible. La dernière inversion n'a pas éliminé nos ancêtres, et d'ici là, il se peut que nous ayons acquis une technologie pour créer notre propre bouclier artificiel contre les radiations. Le bouclier naturel terrestre peut décroître, cette fois nous sommes prêts, désireux et capables de faire face aux conséquences.

POURQUOI $E = mc^2$?
L'équation de base de l'Univers

Et maintenant, pensez à une équation. Compte tenu de toutes vos années d'études, appréciées ou subies, vous pourriez penser vous remémorer une équation apprise à l'école. Or, ce n'est pas le cas. À la place, c'est celle-ci, que vous avez probablement apprise par hasard, qui vous vient à l'esprit.

Cette équation est la plus célèbre du monde. Elle fit en 1946 la couverture du *Time Magazine*, et fait partie aujourd'hui de notre culture, inspirant des artistes et des musiciens, des écrivains et des cinéastes. Elle a envahi le globe : on la trouve sur le logo d'une société japonaise de graphisme, d'une maison de relations publiques de l'Angleterre rurale et d'un salon de coiffure de Toronto. Pourquoi ? Parce que cette équation résume la façon dont a pris forme le monde moderne.

Bien que l'équation, formulée par Einstein en 1905, existât depuis quarante ans lorsque le monde a constaté ce dont elle était capable, sa découverte fit frissonner. Sur la couverture du *Time*, elle s'inscrit dans un nuage en forme de champignon surplombant un atoll du Pacifique frappé par le feu. $E = mc^2$ est l'équation qui se cache derrière la bombe atomique. Elle mit un terme à la Seconde Guerre mondiale, inaugurant l'âge de la puissance atomique et de la menace nucléaire. Avec elle a surgi la guerre froide et, pour la première fois, le spectre de la destruction totale de l'humanité. De nos jours encore, bien que la guerre froide ait pris fin, la possibilité que quelqu'un de mal intentionné apprenne à convertir une masse infime de matière en une prodigieuse quantité d'énergie est une épée de Damoclès.

La bonne nouvelle est que $E = mc^2$ est bien plus puissante qu'une bombe. Elle est à l'origine de notre existence, de notre permanence et peut-être aussi de notre avenir. Elle décrit la nature fondamentale de la réalité, et révèle combien est illusoire la notion familière de matière, profondément ancrée en nous. S'il est une équation à connaître, c'est donc bien celle-là.

Mais d'où provient-elle ? Pour être juste, à l'origine, pas d'Einstein. Dans son article mentionnant une relation entre masse et énergie, Einstein avait d'abord écrit $L = mv^2$, où L est l'énergie « vivante », m la masse et v la vélocité. Ce n'est que sept ans plus tard, en 1912, qu'il utilisa régulièrement E pour énergie, et c pour *celeritas*, du latin « rapidité », le symbole universel pour la vitesse de la lumière. Même sans tenir compte de la permutation des symboles, l'équation n'est pas venue à Einstein du jour au lendemain. Les sources se trouvaient dans les lois de la physique formulées pour la première fois au XVIIe siècle, puis discutées pendant près de deux siècles.

Régler l'Univers

Le terme « énergie » est ancien, mais c'est depuis peu que nous l'utilisons dans son sens actuel. L'*Encyclopedia Britannica* de 1842, par exemple, définissait l'énergie comme un « terme d'origine grecque, signifiant pouvoir, vertu, ou efficacité d'une chose ». L'origine grecque, qui remonterait à Aristote, est en quelque sorte la plus pertinente. Aristote définissait l'énergie comme la source de l'existence et de la fonction de toute chose. « *Energeia* », écrivit-il, est ce qui permet à quelque chose d'accomplir sa fonction.

À l'époque de Newton, ce concept, encore mal défini, était le suivant : les choses qui se déplacent – par exemple une flèche tirée par un arc – possèdent une certaine énergie. Toutefois, lorsque cette flèche atterrit, l'énergie semble s'être dissipée. La même chose se produit si deux personnes se heurtent dans la rue et tombent au sol. Leurs énergies, selon Newton, s'annulent mutuellement. Avant la collision, il y avait de l'énergie ; après, il n'y en a plus.

Newton pensait que Dieu devait être à l'œuvre quelque part dans l'Univers, avec pour rôle principal, proposait-il, de fournir l'énergie cosmique. Dieu serait là pour remonter le mécanisme de l'Univers et assurer le mouvement des planètes dans le firmament, ce qui s'appliquerait également aux événements quotidiens – à des paysans se heurtant, par exemple.

> *« Il n'était pas assez prévoyant, semble-t-il, pour en faire un mouvement perpétuel. »*
>
> GOTTFRIED LEIBNIZ

Cette conception n'était pas partagée par Gottfried Leibniz, son grand rival athée. Dans un commentaire acerbe sur la vision de Newton, Leibniz avoua qu'il trouvait difficile de saisir pourquoi Dieu tout-puissant aurait besoin de remonter de temps en temps sa montre. « Il n'était pas assez prévoyant, semble-t-il, pour en faire un mouvement perpétuel », écrivait Leibniz à Samuel Clarke dans une lettre de 1715. Une querelle opposait déjà Newton et Leibniz quant à la paternité du *calcul infinitésimal*, un outil mathématique qui avait permis à Newton de calculer les mouvements orbitaux des planètes. Ce différend sur l'énergie pourrait être ramené à un problème mathématique.

Newton avait en effet formulé l'énergie d'un corps en mouvement par mv, le produit de sa masse m par sa vitesse v. Leibniz, en revanche, la calculait par mv^2, le produit de la masse par le carré de sa vitesse. La différence est infiniment grande. Pour Newton, deux corps identiques qui se déplacent à la même vitesse dans des directions opposées ont une énergie respective de mv et $-mv$. S'ils entrent en collision, l'énergie résultante est nulle. En revanche, pour Leibniz, élever au carré la vitesse supprime le problème d'une direction « négative », car une quantité négative au carré est toujours un nombre positif. Dans la formulation de Leibniz, l'énergie ne disparaît donc pas de l'Univers.

Depuis longtemps, la question était pure affaire d'idéologie. Si vous étiez anglophone, vous aimiez les travaux et les idées de Newton, et vous pensiez à l'énergie en termes de mv. Si vous étiez germanophone, vous étiez du côté de Leibniz et éleviez la vitesse au carré. Ce chauvinisme fut dépassé grâce à une collaboration entre les Pays-Bas et la France. Willem 's Gravesande, scientifique néerlandais, laissa tomber des poids dans de l'argile molle depuis différentes hauteurs. La profondeur de l'empreinte qu'ils laissaient devait être proportionnelle à l'énergie qui, à son tour, devait l'être par rapport à la hauteur depuis laquelle ils avaient été lâchés et à la vitesse de l'impact. Son calcul ne fonctionnait, en effet, que lorsque l'énergie était proportionnelle au carré de la vitesse. 's Gravesande n'avait pas remarqué ce point lui-même. Ce fut une aristocrate française, Émilie du Châtelet, qui résolut l'énigme dans la première moitié du XVIIIe siècle, déclarant Leibniz vainqueur. L'énergie produite par le mouvement – énergie vivante ou cinétique – est proportionnelle au carré de la vitesse. E varie donc en fonction de v^2.

Bien que 's Gravesande et (en particulier) Émilie du Châtelet aient permis de grandes avancées en faisant la lumière sur les liens qui existent entre le mouvement d'un corps et son énergie, ils n'avaient toujours pas la moindre idée de ce que devenait l'énergie une fois le mouvement arrêté. Disparaissait-elle ? La réponse à cette question ne surgit qu'après la découverte d'un principe appelé « conservation ».

Les travaux sur la conservation

Les premiers indices d'un principe général de conservation de l'énergie virent le jour à la fin du XVIIIe siècle. Dans une série d'expériences étonnamment minutieuses, Antoine Lavoisier observa la façon dont divers matériaux se modifiaient par combustion, sous l'effet de la rouille ou par quelque autre procédé naturel d'altération. Il découvrit que leur masse était en quelque sorte toujours conservée.

Chaque expérience fut menée dans un récipient clos, et la substance à l'étude (avec l'air ou l'eau du caisson) était pesée avant et après la manipulation. Dans ces conditions, la masse totale contenue dans le récipient demeurait constante. Même un phénomène aussi violent que la combustion, qui altère radicalement la forme physique d'un corps, n'avait pas annihilé la matière. Les mesures de sa masse indiquèrent à Lavoisier qu'elle devait encore se trouver dans la chambre expérimentale ; certes, altérée dans sa forme, mais néanmoins toujours là. Les substances ne disparaissent donc pas simplement de l'Univers : elles peuvent prendre différentes formes.

Grâce à quelques siècles d'expériences comme celles de Lavoisier, nous avons fini par accepter l'idée que l'Univers est en réalité un système « clos », contenant une quantité finie de « matière » qui peut passer d'un état à un autre. Et la quantité transformable – mais toujours conservée – est l'énergie.

Après avoir mis des milliers d'années à comprendre le concept d'énergie, il fallut encore tout le XIXe siècle aux scientifiques pour saisir que l'énergie est toujours conservée dans la nature. Avec le recul, il semble un peu étrange que cette connaissance ait été si lente à émerger. On savait depuis longtemps que l'énergie cinétique peut être convertie en chaleur. Ceux qui foraient les fûts des canons, par exemple, n'ignoraient pas que ce processus génère une grande quantité de chaleur. Mais ce n'est qu'avec l'invention de la thermodynamique, la branche de la science qui associe la température et la chaleur au mouvement des atomes et des molécules (voir « Pourquoi n'avons-nous rien sans rien ? »), que nous en avons découvert le fonctionnement exact.

La révolution par la chaleur

Si $E = mc^2$ gouverne le monde moderne, la thermodynamique, elle, lui a donné naissance. La découverte que la chaleur pouvait être convertie en énergie cinétique et accomplir une tâche fut une totale révolution. Chauffez suffisamment un bain d'eau et sa conversion en vapeur – mise sous pression – pourra actionner un piston. Or, mettre en mouvement un piston pouvait changer le destin des nations. La découverte de la machine, comme le moteur et le réfrigérateur, alimentée par le travail mécanique ou la chaleur, a engendré la révolution industrielle, fondement de l'ère moderne et technologique.

Cette conversion de l'énergie thermique en énergie cinétique est un exemple simple de la façon dont l'énergie se conserve, se convertissant en de multiples formes sans jamais disparaître de l'Univers. Par exemple, les poids de 's Gravesande ont, avant leur chute, une « énergie potentielle gravitationnelle ». Cette énergie potentielle provient de l'énergie en réserve dans les muscles, utilisée pour soulever les poids à la hauteur nécessaire pour les faire chuter. Cette énergie est issue de la nourriture que 's Gravesande a absorbée, nourriture dont la source ultime d'énergie est elle-même tirée de la lumière solaire. Lorsque les poids atteignent l'argile, leur énergie potentielle, qui dérive *in fine* du Soleil, est convertie en énergie cinétique (par friction) et en énergie sonore. L'énergie n'a pas disparu de l'Univers.

De même, une lampe à pétrole possède une énergie potentielle. Lorsque le pétrole se consume, l'énergie potentielle chimique stockée est relâchée sous forme de chaleur et de lumière. L'énergie thermique est transmise par l'air aux molécules proches de la lampe et se manifeste sous la forme d'énergie cinétique : les molécules se déplacent plus rapidement.

Il est surprenant que cette énergie puisse se convertir en masse, qui est, somme toute, très différente de l'énergie : on l'associe à la solidité, tandis que l'énergie paraît transitoire et éphémère. Mais un lien existe pourtant – et il se trouve dans les équations sur l'électromagnétisme de James Clerk Maxwell.

L'entendement chez Maxwell

Dans les années 1830, Michael Faraday démontra comment l'électricité et le magnétisme étaient étroitement liés : l'électricité produit du magnétisme et vice versa. Peu après, Maxwell formula une série d'équations qui détaillaient avec précision le processus. Bien des physiciens virent dans ces équations l'essence de la masse. Il était bien connu, par exemple, qu'une boîte renfermant des champs électromagnétiques pèse davantage que celle qui n'en contient pas. Mais qu'est-ce que cela voulait dire ?

L'avis général était que l'origine de la masse inertielle – la résistance d'un corps au mouvement – serait à chercher dans la difficulté de mettre en mouvement les particules chargées dans le voisinage de leurs propres champs magnétiques. Fidèle à lui-même, Einstein ne suivit pas le courant de pensée dominant, mais trouva la réponse dans une faille des équations.

Maxwell expliqua un jour que ses équations décrivaient une « étreinte mutuelle » entre l'électricité et le magnétisme. Or, il s'agit en fait d'une triple étreinte : l'électricité et le magnétisme n'existent pas sans le mouvement ; le mouvement des particules chargées produit l'électricité et le magnétisme. Ce qui constituait un profond problème. L'analyse d'expériences indiquait que le mouvement pouvait invalider les équations. Si l'émetteur de radiations électromagnétiques se déplaçait par rapport à l'observateur, les équations ne pouvaient plus prévoir les valeurs correctes du champ magnétique.

Cela incita Einstein à publier en 1905 l'article intitulé « Sur l'électrodynamique des corps en mouvement », dans lequel il introduisit la relativité restreinte. Le génie d'Einstein fut d'insister sur le fait que les lois de la physique sont constantes quel que soit l'endroit où l'on se déplace dans l'espace. Pour ce faire, il modifia les équations de Maxwell de telle sorte qu'aucun déplacement ne puisse changer la valeur absolue de la vitesse de la lumière c. Celle-ci est une constante irréfutable. Déplacez-vous vers une source de lumière fixe, et la lumière viendra toujours vers vous à la vitesse c. Éloignez-vous-en, et vous la mesurerez vous dépassant à c. Et c'est ici que se situe le lien entre l'énergie et la masse.

La lumière transporte la masse

Einstein suggéra que l'énergie – n'importe quelle énergie – véhicule avec elle une masse associée. Comme il l'exposa dans une lettre à son proche ami Conrad Habicht, peu après la publication de l'article $E = mc^2$, « le principe de relativité, en association avec les équations fondamentales de Maxwell, nécessite que la masse soit une mesure directe de l'énergie contenue dans un corps ; la lumière transporte la masse ».

Einstein nota une première conséquence sur la radioactivité : si le radium libère de l'énergie, il devrait également perdre de la masse. Le physicien allemand Max Planck y vit une implication plus prosaïque (mais quelque part plus profonde). Un objet – une poêle à frire, par exemple – pèsera plus lourd chauffé. C'était là une idée révolutionnaire – et qui paraît même étrange de nos jours. C'est pourtant parfaitement exact. Il est aujourd'hui prouvé que la masse n'est

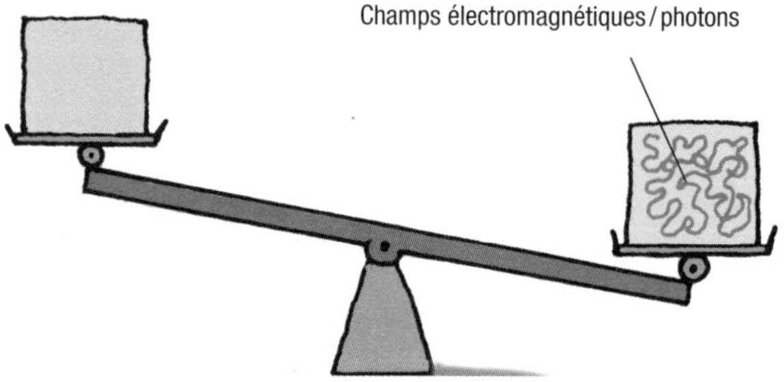

LA MASSE DU RAYONNEMENT.

qu'un moyen de transporter l'énergie. Vous pouvez vous déplacer, et transporter de l'énergie cinétique, mais vous pouvez aussi conserver votre énergie en vous contentant d'exister. Pour le comprendre, il nous faut explorer les origines de la masse.

D'où provient la masse ?

Nous sommes constitués de particules qui, à l'origine, n'ont pas de masse. Elles l'acquièrent par un phénomène quantique nommé « principe d'incertitude de Heisenberg ». L'idée de base est que toute quantité dans la nature comporte un certain flou ; elle ne possède pas de valeur fixe. Cela est valable également pour l'énergie du vide : nous pensons qu'il a une énergie nulle, mais en réalité il vibre d'une énergie se manifestant sous forme de paires de particules « virtuelles », qui disparaissent aussi rapidement qu'elles sont apparues. Ce sont ces particules fugitives, fantomatiques, qui donnent à la poêle sa masse.

En passant de l'échelle de la poêle à celle d'un atome de fer puis d'un noyau de fer, on observera des particules appelées quarks, qui forment les protons et les neutrons du noyau. Le calcul de la masse des quarks ne suffit pas à expliquer le poids de la poêle. La masse existe en fait dans des particules virtuelles qui sont présentes dans l'énergie diffuse du vide. Les expériences, qui impliquent des collisions de particules à haute énergie et le traitement de millions de nombres, ont confirmé que ces « gluons » agissent en assurant la cohésion des quarks dans le proton et le neutron, et que l'énergie produite est ce que nous considérons comme la masse de la poêle.

D'où le poids plus élevé de la poêle chaude. À supposer que la masse entière d'une poêle à frire provienne de l'énergie vibrante du vide, il ne semble pas trop difficile de penser qu'en augmentant un peu l'énergie, sous forme de chaleur, on accroisse également la masse. Et cette capacité des processus de haute énergie à libérer cette énergie se trouve au cœur de notre existence. Lorsque les atomes d'hydrogène fusionnent dans le Soleil pour former un atome d'hélium, le processus libère une partie de l'énergie des gluons (énergie que nous appelons masse) sous forme de chaleur et de lumière (qui permettent la vie sur Terre).

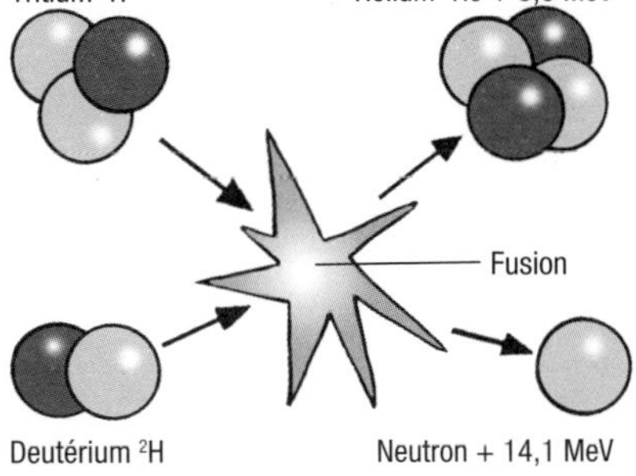

FUSION NUCLÉAIRE.

Grâce à la grandeur colossale de la vitesse de la lumière associée à $E=mc^2$, une quantité surprenante d'énergie est enfermée dans la matière ordinaire. Une simple noix, par exemple, contient assez d'énergie pour alimenter une ville. Nous avons mis au point quelque chose de semblable, pas avec des noix, bien sûr, mais à partir des atomes d'uranium. Convenablement arrangée, l'énergie de leurs gluons peut être relâchée et fournir de l'électricité aux villes... ou les détruire.

Que ce soit avec des bombes ou des centrales électriques, on a mesuré la masse des particules au début et à la fin du processus, ainsi que la quantité d'énergie libérée. Dans chaque cas, l'équation a été confirmée : E est bien égale à mc^2. La démonstration la plus précise de la validité de l'équation d'Einstein a été menée en 2005. Elle impliqua, ce qui n'est pas surprenant, des mesures extrêmement délicates et mobilisa une équipe de chercheurs pour mesurer l'énergie d'un photon gamma avec une précision d'environ une partie par million.

Pendant ce temps, pour la partie de l'équation se rapportant à la masse, les chercheurs ont dû mesurer la façon dont la masse d'un ion se modifie lorsqu'il libère un photon gamma. C'est un changement infime de la masse, qui revient à observer l'épaisseur d'un cheveu à la distance qui sépare New York de Los Angeles. Il n'y eut pas de mauvaise surprise : les chercheurs ont trouvé une surprenante concordance entre les deux mesures. Il semble que E soit véritablement égale à mc^2, à plus d'une partie pour deux millions.

POUVONS-NOUS CHANGER L'UNIVERS D'UN SIMPLE REGARD ?

Des relations quantiques surnaturelles et l'occasion de réécrire l'histoire

Einstein exprima cette interrogation de manière légèrement différente. Au début des années cinquante, se tournant un jour vers le jeune physicien Abraham Pais, il leva les sourcils et s'enquit : « Crois-tu vraiment que la Lune n'existe que lorsque tu la regardes ? »

Les vingt années précédentes, Einstein s'était trouvé de plus en plus contrarié par les pionniers de la théorie quantique. Niels Bohr, à leur tête, prétendait que l'étrangeté inhérente à cette théorie, par exemple les atomes existant en deux endroits simultanément ou les effets précédant leur cause, ne pouvait être expliquée que si rien – pas même la Lune – n'existait réellement avant d'avoir été mesuré ou observé.

La question d'Einstein à Pais était un appel exaspéré au sens commun. L'idée qu'un objet aussi gros et permanent que la Lune puisse être à la merci d'un infime observateur humain à des centaines de milliers de kilomètres était déraisonnable. Mais pas forcément absurde. Avec l'avènement de la théorie quantique au début du XXe siècle, le ridicule était devenu sublime. « Pourquoi cet homme, dont la contribution à la création de la physique moderne est incomparable, reste-t-il si attaché à la vision du XIXe siècle de la causalité ? » écrivit Pais dans sa biographie sur Einstein, *Subtle Is the Lord*.

Dès le XVIIIe siècle, on questionnait la nature de la réalité. L'évêque George Berkeley affirma dans une phrase célèbre que si personne n'était là pour entendre un arbre tomber dans une forêt, l'arbre ne ferait pas de bruit. Selon lui, l'arbre même n'existe pas, à moins qu'il ne soit perçu par quelqu'un. Heureusement, suggérait Berkeley, notre sens commun est préservé puisque Dieu est présent pour agir comme observateur.

> *« Crois-tu vraiment que la Lune n'existe que lorsque tu la regardes ? »*
>
> ALBERT EINSTEIN

Niels Bohr adopta une approche semblable pour le monde quantique : la seule interprétation correcte des vicissitudes de la théorie quantique, affirmait-il, est que rien ne possède de propriétés ou d'existence avant qu'il ne soit observé d'une façon ou d'une autre. La tentative d'Einstein pour réfuter cette idée aboutit à sa confirmation. Toutes les expériences qui ont été menées suggèrent, en effet, qu'il est possible de changer l'Univers d'un regard. La signification de notre puissance ? : un phénomène quantique connu sous le nom « d'intrication ».

Intriqué dans l'espace et dans le temps

Erwin Schrödinger désignait par intrication le trait essentiel de la théorie quantique. Il l'identifia pour la première fois en 1935, en constatant que les équations de la théorie quantique, appliquées à deux particules en interaction, leur confèrent une qualité étonnante. Après leur rencontre, elles ne peuvent plus être vraiment décrites comme indépendantes. Elles sont liées : la description quantique de la particule A – sa quantité de mouvement ou son spin par exemple – contient des informations sur la particule B, et vice versa.

Il en résulte une bien étrange conséquence. Si l'on change les propriétés de la particule B, celles de la particule A se trouvent également modifiées. Aucun lien physique n'est nécessaire ; la relation d'intrication transforme les propriétés quelle que soit la distance séparant les deux particules. Deux particules intriquées convenablement préparées peuvent modifier instantanément leur état quantique réciproque quand bien même elles se trouveraient chacune à un bout de l'Univers.

Einstein refusait d'admettre ce phénomène, qu'il baptisa *spukhafte Fernwirkungen,* « action surnaturelle à distance ». Cela prouve uniquement, disait-il, que la théorie quantique est incomplète. Et, avec deux amis, Boris Podolsky et Nathan Rosen, il se mit en devoir de le prouver. Le scénario esquissé par le trio sert encore d'étalon pour démontrer l'étrangeté du monde quantique. Il s'agit du paradoxe EPR, qui concerne la destinée d'une paire de particules séparées par une distance énorme.

Bell et l'action surnaturelle

La version expérimentale la plus rigoureuse du paradoxe EPR a été élaborée en 1964 par John Bell au CERN (Organisation européenne pour la recherche nucléaire), le laboratoire de physique des particules basé à Genève, en Suisse. Bell imagina de séparer deux électrons intriqués pour les envoyer à des expérimentateurs situés à deux extrémités du globe. Les expérimentateurs ont alors mesuré simultanément le spin de leur électron. Les détails de cette expérience sont complexes, mais le défi de Bell était que, si la théorie quantique avait raison et qu'Einstein se trompait, certaines mesures spécifiques montreraient une corrélation entre les deux spins.

Einstein mourut avant d'avoir pu assister à l'expérience de Bell. La première fut réalisée par le physicien français Alain Aspect en 1982, mais d'innombrables essais ont eu lieu depuis, et tous confirment qu'Einstein était dans l'erreur. L'intrication est bel et bien une action surnaturelle à distance qui dénie l'existence objective de toute chose. Les électrons de Bell acquièrent leurs propriétés seulement au moment où la mesure est réalisée, c'est-à-dire uniquement lorsque quelqu'un les observe.

Si vous pensiez déjà qu'en tombant, un arbre dans une forêt ne fait pas de bruit, il est malgré tout extraordinaire de noter que, pour étendre l'analogie, en sciant le tronc d'un arbre, un autre peut tomber – quand bien même ils se situeraient dans deux forêts différentes. Les électrons intriqués d'une paire s'affectent l'un et l'autre instantanément, et ce à travers l'Univers entier. Cela paraît réellement aussi surnaturel qu'Einstein l'avait exprimé : l'interprétation ordinaire du temps et de l'espace semble s'évanouir à la lumière de l'intrication quantique.

Téléportez-moi

L'intrication connaît déjà des applications. La cryptographie quantique, par exemple, se sert de la fonction de « contrôle à distance » et de l'extrême fragilité des connexions intriquées pour sécuriser l'information. C'est un peu comme la pratique qui consistait à placer un sceau sur les communications sensibles ; les messages encryptés par intrication sont infalsifiables parce que toute tentative d'écoute secrète briserait la connexion.

Le modèle quantique de la téléportation que permet l'intrication est peut-être plus impressionnant d'un point de vue conceptuel (mais d'une utilisation pratique moindre). Il s'agit d'une opération complexe, mais l'essentiel est qu'une mesure effectuée sur l'une des particules intriquées d'une paire va forcer un changement des propriétés chez l'autre. Préparée de manière suffisamment élaborée, la particule distante s'imprègne de toutes les caractéristiques de l'originale sans même avoir été sur les lieux. D'autres particules ainsi que la transmission de certaines informations par des canaux « normaux » sont également impliquées, ce qui assimile davantage le processus à une télécopie qu'à une téléportation. Néanmoins, l'innovation est impressionnante. Même si cette technologie ne s'applique qu'à une particule, comme le photon, rien n'empêche fondamentalement de l'étendre pour transmettre toujours plus d'objets quantiques – peut-être un atome ou davantage encore.

Ainsi, déplacer des états quantiques de cette manière promet un traitement de l'information à une échelle sans précédent. Bien des groupes de chercheurs dans le monde tentent de développer des « ordinateurs quantiques » qui pourront réaliser des calculs à des vitesses infiniment plus grandes que n'importe quel ordinateur normal. La téléportation d'états quantiques jouera un rôle prépondérant dans le fonctionnement de ces dispositifs. Notre rôle dans la formation de l'Univers pourra s'étendre au-delà d'une simple observation déterminant l'existence et les propriétés de quelques particules dans des expériences quantiques. Selon John Wheeler, l'un des scientifiques les plus respectés du XXe siècle, chacun de nous peut changer l'histoire même du cosmos.

Un fantastique dragon nébuleux

Cette déclaration de Wheeler est née de considérations sur la mesure quantique. Il est maintenant communément admis que l'une des manifestations les plus étranges de la théorie quantique est le phénomène par lequel un photon de lumière, par exemple, empruntera, s'il en a le choix, tous les chemins disponibles. Cette « superposition » résulte du caractère ondulatoire des objets quantiques. Un seul photon projeté sur un écran percé de deux fentes étroites produira, sur l'écran placé de l'autre côté des fentes, un motif alterné de bandes sombres et claires. Cette « figure d'interférence » est associée à un comportement ondulatoire. Pour produire une interférence, toutefois, le photon doit traverser les deux fentes. Comment un unique photon peut-il y parvenir ?

On devrait raisonnablement pouvoir répondre en observant le photon. En examinant les fentes, nous découvririons celle que le photon a franchie. Mais toute tentative pour déterminer le chemin emprunté détruit la figure d'interférence. Dans ce scénario, le photon se comporte comme un projectile, traversant une fente ou l'autre, sans produire de figure d'interférence.

Étrangement, le photon semble se comporter comme une onde lorsque personne ne regarde, et comme une particule dans le cas contraire. L'idée d'un photon effectuant une sorte de choix conscient en relation avec des éléments de son environnement semble ridicule aux yeux des physiciens. C'est la raison pour laquelle Einstein et d'autres ont déclaré qu'il s'agissait plus certainement de lacunes ; des « variables cachées » qui permettraient de déterminer le comportement du photon devaient exister.

Wheeler formula une piste pour tester cette hypothèse. Et pourquoi, proposa-t-il, ne pas observer le parcours du photon une fois qu'il aura effectué ses « choix » sur la façon de se comporter ? Cela provoquera-t-il une altération dans son comportement ? Quoique l'expérience du « choix retardé » de Wheeler ne soit pas aisée à réaliser, certains physiciens y sont parvenus. Dans des environnements expérimentaux où un photon met seulement 14,5 nanosecondes pour traverser le dispositif, les chercheurs doivent trouver un moyen pour changer l'installation après que le photon a « choisi » de se comporter en onde ou en particule. Neuf nanosecondes après son entrée dans l'appareil, lorsqu'il est déjà changé en une onde qui va traverser les deux fentes ou en un projectile qui n'en franchira qu'une, les chercheurs fixent un détecteur à l'une des fentes.

Quel a été le résultat ? Avec un détecteur en place, le photon ne produit pas d'interférence. Sans détecteur, une figure d'interférence est visible. C'est exactement ce que la théorie quantique standard avait prévu : la présence d'un détecteur force le photon à se comporter comme une particule. Or les particules n'interfèrent pas. Si cet étrange comportement était dû à des variables cachées, le photon aurait déjà été « engagé » dans l'un ou l'autre comportement. Avant que les expérimentateurs choisissent ou non de détecter le photon, il se serait manifesté sous forme d'onde ou de particule, sans avoir la possibilité d'enregistrer son choix après la traversée des fentes. Selon Wheeler le résultat fait apparaître les processus quantiques comme un « fantastique dragon nébuleux » dont nous pouvons clairement discerner la queue (les données) et la gueule (le résultat). Mais le corps du dragon est un nuage de fumée impénétrable et, insiste-t-il, « nous n'avons pas le droit de nous prononcer sur ce qui s'y trouve ».

De plus, ajoute Wheeler, nous pouvons en dire autant sur les processus de l'Univers. L'émission de lumière par les étoiles est bien un processus quantique : individuellement, les photons de la lumière stellaire se comportent en grande partie comme les photons de la lumière laser utilisée pour les expériences quantiques. Et une expérience de choix retardé transposée à échelle cosmique est identique à celle réalisée en laboratoire – avec, toutefois, des implications bien plus profondes.

Changer l'histoire cosmique

Dans une expérience de pensée provocante, Wheeler utilise le phénomène de la lentille gravitationnelle afin d'en illustrer la pertinence. Quand la lumière d'un quasar distant voyage vers la Terre, elle peut passer près d'une grande galaxie. La masse de cette dernière courbe la lumière et donne l'illusion de deux quasars là où il ne s'en trouve qu'un. Einstein invoqua ce phénomène comme une prédiction de la relativité générale, qui s'est vérifiée lorsque l'astronome britannique Arthur Eddington mesura l'effet en 1919.

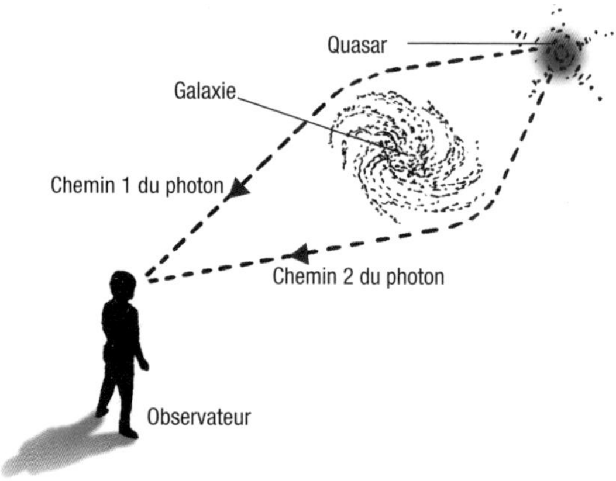

L'EXPÉRIENCE DU CHOIX RETARDÉ.

Pour Wheeler, cet effet de lentille est une simple expérience de la double fente à grande échelle. Un photon arrivant d'une étoile peut emprunter deux chemins. Si nous avions la possibilité d'observer les effets de l'interférence résultant des deux chemins, nous pourrions y observer une figure d'interférence. L'objet choisi par Wheeler fut le quasar 0957 +561A,B. Il n'est qu'à un peu plus de 7 milliards d'années-lumière et, grâce à une galaxie située entre nous et le quasar, nos télescopes en donnent deux images. La lumière du quasar met 7 milliards d'années à nous parvenir, une bonne partie de son trajet s'effectuant après la galaxie lentille. Ainsi, déclara Wheeler, nous pouvons prendre notre temps, et réfléchir si nous voulons la mesurer à l'aide d'un détecteur de particules ou d'un détecteur d'ondes. Quoi que nous décidions, cela déterminera si ce photon a emprunté un seul chemin pour contourner la galaxie ou les deux.

Et nous pourrons le décider des milliards d'années après que le photon aura atteint la galaxie en question. « C'est dans ce sens que, pour parler de manière simplifiée, nous décidons de ce que le photon doit avoir fait après qu'il l'a déjà fait », écrivit Wheeler en 1981. L'idée de Bohr que rien n'a de propriété avant qu'une mesure ait été effectuée peut paraître étrange, mais l'expérience de pensée cosmique de Wheeler rend cette idée moins absurde et semble tout à coup moins difficile à admettre.

Les phénomènes quantiques, déclara Wheeler en 1992, « ne sont ni des ondes ni des particules, mais sont intrinsèquement indéfinis jusqu'au moment où ils sont mesurés. Ainsi, dans un sens, l'évêque Berkeley avait raison lorsqu'il déclarait qu'"être, c'est être perçu". » Mais on peut tout aussi bien retourner l'assertion en affirmant que le succès de l'expérience du choix retardé en laboratoire montre, et ne serait-ce qu'en théorie pour le cosmos, que nous pouvons participer à l'histoire de l'Univers – et ce, peut-être, dès l'origine.

« Comment l'Univers a-t-il vu le jour ? S'agit-il de quelque processus étrange et distant, sans espoir d'analyse ? Ou bien est-ce que le mécanisme qui entra en jeu une fois est l'un de ceux qui se montrent tout le temps ? » Cette citation montre que Wheeler se demandait si le Big Bang était un événement quantique, un Univers créé par quelque chose qui gouverne aussi la vie quotidienne.

Son Univers « participatif », où le rôle des observateurs modifie la nature quantique de l'histoire cosmique va, d'une certaine manière, dans ce sens. Mais le cosmologiste Stephen Hawking va encore plus loin. Le monde quantique, dit-il, nous permet de déterminer l'histoire entière de l'Univers – à partir de là où nous nous trouvons. C'est ce qu'il nomme la « cosmologie à l'envers » (*top-down cosmology*), et y voit une réponse à l'éternelle interrogation sur ce qui s'est déroulé avant le Big Bang.

Que s'est-il produit à l'origine ?

De nombreux physiciens répondraient que tenter de débattre d'événements antérieurs au Big Bang est aussi ridicule que de se demander ce qui se trouve au nord du pôle Nord. Le temps a commencé avec le Big Bang (voir « Qu'est-ce que le temps ? »), et avant que le temps n'existe, nous ne pouvons pas considérer les concepts d'« avant » et « après ».

Hawking, malgré tout, ne souhaite pas s'arrêter au moment de la création. On est en droit, affirme-t-il, de se demander ce qui a donné naissance à l'Univers. Il s'agit d'un débat subtil et complexe, comme on pourrait s'y attendre, mais il s'étend au-delà des idées admises en matière de physique. La première d'entre elles est une interprétation de la théorie quantique avancée par l'un des plus renommés étudiants de Wheeler, Richard Feynman.

La « somme des histoires », comme on l'appelle, suggère que les processus quantiques suivent tous les chemins possibles simultanément. Dans l'expérience de la double fente, par exemple, la figure d'interférence est produite par le photon passant non pas exclusivement à travers les deux fentes, mais à travers tous les chemins possibles, comme celui qui le ferait rebondir à la surface de la Lune avant d'atteindre le détecteur. Tous ces chemins différents ont une probabilité associée, qui se décline en saveurs positives et négatives, un peu comme une onde. Lorsqu'on additionne l'ensemble, la somme décrit ce que l'on peut observer au cours d'une expérience.

> *« Le monde quantique nous permet de déterminer l'histoire entière de l'Univers. »*
> STEPHEN HAWKING

Lorsque Hawking applique l'idée de la somme des histoires à l'Univers, il parle réellement de toutes les histoires. Cette somme a des liens avec l'énorme expérience du « et si ? », rassemblant tous les scénarios possibles de l'histoire de l'Univers. Dans l'un d'eux, notre Système solaire ne parvient pas à se former. Dans un autre, la gravité est démesurément augmentée. Les événements changent également : Hawking doit considérer une histoire dans laquelle Elvis est encore en vie, par exemple. Chacun de ces scénarios possède une probabilité associée.

Votre Univers en perpétuelle mouvance

Le plus troublant de toutes ces singulières possibilités est le fait qu'elles sont l'objet de mesures auxquelles nous procédons aujourd'hui. De la même manière que choisir un instrument de mesure pour une particule ou une onde change le résultat de l'expérience quantique de la double fente, Hawking reconnaît que la façon dont nous observons aujourd'hui l'Univers peut modifier la manière dont il a évolué des milliards d'années auparavant.

Hawking admet qu'il s'agit là d'une idée insolite – mais il affirme qu'elle ne paraît étrange que parce que nous nous trouvons à l'intérieur de l'Univers en question. D'après lui, quelqu'un scrutant l'Univers de l'extérieur ne remarquerait rien de bizarre. Et un tel observateur pourrait voir la façon dont l'Univers a vu le jour à partir de rien. Cela est possible parce que la somme de toutes les histoires de Feynman – et par conséquent les calculs d'Hawking – s'appuie sur une notion de « temps imaginaire ».

Bien que l'utilisation du temps imaginaire paraisse relever du fantastique, ce n'est pas si farfelu. Les ingénieurs utilisent couramment des nombres composés d'éléments réels et imaginaires pour décrire et prévoir le comportement des circuits électriques.

Dans la cosmologie « *top-down* » de Hawking, la somme des histoires de l'Univers, calculée en ayant recours au temps imaginaire, transforme le temps normal en une dimension spatiale. Le résultat est que la problématique « début » de l'Univers disparaît. Quand l'énergie de l'Univers était comprimée dans un volume des plus infimes, tout fonctionnait selon les lois quantiques, et ce que nous appelons temps était en fait une dimension de l'espace.

Ainsi, tout au moins d'après cette interprétation de la théorie quantique, le temps émerge d'un changement dans la nature de l'espace. L'Univers flexible et changeant d'Hawking, à certains niveaux, est extrêmement séduisant. Il nous offre une participation dans l'Univers, et écarte le problème de l'état pré-Big Bang. Mais cela est loin d'être universellement accepté comme la réponse à ce que nous recherchons.

Il faut surtout garder à l'esprit que personne ne comprend vraiment la façon dont le monde quantique fonctionne. L'interprétation adoptée, qu'il s'agisse de la somme des histoires de Feynman ou du rejet d'une réalité objective de Bohr, est par de nombreux aspects une simple affaire de goût. C'est pourquoi la plupart des physiciens sont adeptes du « mieux vaut se taire et calculer » en matière d'interprétation de la théorie quantique. Dans cette position pragmatique, personne ne sait ce que tout cela signifie, mais nous aimons vraiment jouer avec – et cela peut suffire.

David Mermin, physicien à l'université Cornell, l'exprime encore mieux. Le pouvoir prophétique de la théorie « est si beau et si puissant qu'il peut, en soit, acquérir le caractère persuasif d'une explication complète ». Mais il ne s'agit pas d'une explication. Ainsi, tandis que la théorie quantique affirme que l'on peut modifier l'Univers d'un simple regard, il faut se souvenir que l'on étudie encore la théorie quantique à travers un brouillard obscur d'ignorance et d'incompréhension. Vous avez donc parfaitement le droit de penser que vous êtes capable de faire apparaître la Lune. Gardez-vous simplement de vouloir convaincre quiconque que vous possédez un tel pouvoir.

LA THÉORIE DU CHAOS CONDUIT-ELLE AU DÉSASTRE ?

L'influence de l'effet papillon sur la météo, le climat et le mouvement des planètes

L'idée n'est pas particulièrement nouvelle. Vous avez peut-être même grandi dans son giron ; on la trouve dans une comptine pour enfants bien connue :

Faute d'un clou le fer fut perdu
Faute d'un fer le cheval fut perdu
Faute d'un cheval le cavalier fut perdu
Faute d'un cavalier la bataille fut perdue
Faute d'une bataille le royaume fut perdu

C'est la théorie du chaos, parfois connue sous le nom d'« effet papillon ». L'absence d'un seul clou peut-il déstabiliser la géopolitique ? Le battement d'ailes d'un papillon peut-il déclencher un orage à des milliers de kilomètres ? La réponse est oui, et cela se produit constamment. Pas forcément de cette manière, bien sûr. La comptine porte visiblement un regard amusé sur les conséquences. Et l'histoire du papillon elle-même est née d'une remarque anodine.

En 1972, lors de la rencontre de l'Association américaine pour l'avancée de la science (AAAS), Edward Lorenz, responsable de recherches, devait présenter un exposé dont il n'avait pas fourni le titre. Philip Merilees, météorologiste et président de la session, tenta alors d'y remédier. Neuf ans plus tôt, Lorenz avait mentionné dans un article la façon dont un météorologiste avait fait fi de la théorie du chaos en soulignant que, si elle était correcte, « le battement d'ailes d'une mouette pourrait changer à jamais le temps qu'il fait ». À l'évidence Merilees, s'étant souvenu de ces lignes, concocta une variante qui est entrée dans la culture populaire comme quelques autres concepts scientifiques. L'intitulé de la conférence de Lorenz s'intitulait « Le battement d'ailes d'un papillon au Brésil peut-il déclencher une tornade au Texas ? ».

> *« Le battement d'ailes d'un papillon au Brésil peut-il déclencher une tornade au Texas ? »*
>
> PHILIP MERILEES

L'expression officielle de l'effet papillon est « sensibilité aux conditions initiales ». À l'origine, l'idée est que la plupart des systèmes qui évoluent dans le temps – qu'ils soient naturels, comme le temps qu'il fait, ou artificiels, comme le résultat numérique d'un programme informatique – vont se dérouler très différemment si, au point initial, le plus infime changement est introduit. Cette simple observation eut de telles retombées qu'elle a donné naissance à un champ de recherche entièrement inédit.

Les retentissements de la théorie du chaos, comme on l'appelle, ont eu des retombées sur toute la science. De la dynamique des planètes aux routes empruntées par les épidémies pour se propager à travers les populations humaines, l'influence de la théorie du chaos est aussi répandue qu'elle est importante. L'Univers entier, semble-t-il, se trouve dans un état de chaos. Cette découverte aurait été un choc terrible pour Pierre Simon, marquis de Laplace. Au XVIIIe siècle, il avait accueilli les idées de la révolution newtonienne avec jubilation. Son livre sur les mécanismes de l'Univers, dans lequel il s'inspire de la théorie de Newton sur la gravitation pour établir les mouvements principaux de toutes les planètes, fut un chef-d'œuvre. Quelques années plus tard, il se glorifiait avec assurance du pouvoir de la science qui pouvait maîtriser tous les phénomènes connus à ce jour.

Une intelligence qui pour un moment donné connaîtrait toutes les forces dont la nature est animée et la situation respective des êtres qui la composent, si d'ailleurs elle était assez vaste pour soumettre ces données à l'analyse, embrasserait dans la même formule les mouvements des plus grands corps de l'Univers et ceux du plus léger atome. À une telle intelligence, rien ne serait incertain, et l'avenir, comme le passé, serait présent à ses yeux.

Pourtant, en l'espace de quelques décennies après la mort de Laplace, l'idée du chaos commença à percer. D'abord avec le physicien écossais James Clerk Maxwell, qui étudia en 1860 l'amplification de changements minimes en observant les conséquences de la collision entre des molécules. Trente ans plus tard, Henri Poincaré découvrit que l'attraction gravitationnelle réciproque de trois objets en mouvement manifestait une sensibilité aux conditions initiales. Puis, en 1920, l'ingénieur néerlandais Balthasar Van der Pol perçut le chaos dans les tonalités produites par un combiné de téléphone connecté à un tube à vide. Le courant électrique circulant dans le tube déclenchait ce que l'on qualifierait de réaction parasite, que Van der Pol est d'ailleurs parvenu à mettre en équation.

> *« À une telle intelligence, rien ne serait incertain, et l'avenir, comme le passé, serait présent à ses yeux. »*
>
> PIERRE SIMON, MARQUIS DE LAPLACE

Bien que cette équation fût extrêmement utile aux ingénieurs essayant de construire des tubes à vide dans des systèmes électroniques tels que les équipements radiotélévisés, le sifflement lui-même n'était, aux yeux de tous, qu'une perturbation. Plusieurs mathématiciens et ingénieurs avaient étudié le phénomène sans rien remarquer de particulier. Pourtant, de nombreux acteurs avaient pris part à l'histoire de la théorie du chaos. Et c'est Edward Lorenz qui lui a véritablement redonné vie.

Un raccourci menant au chaos

Chercheur au Massachusetts Institute of Technology, Lorenz combina la météorologie, les mathématiques et l'informatique, alors relativement nouvelle, pour mettre au point un processeur capable de calculer des modélisations météorologiques simples. Et c'est à ce moment qu'il découvrit l'effet papillon.

Comme c'est souvent le cas pour les découvertes fondamentales en science, elle le fruit du hasard. Un après-midi de 1961, Lorenz se trouvait à court de temps et la simulation météorologique sur son ordinateur n'en était qu'à mi-chemin. Après avoir cherché l'endroit d'où il voulait partir, il entra les nombres qui lui permettraient de démarrer la simulation en repartant à mi-chemin. Le résultat se révéla faux, ou en tout cas largement différent du premier.

Ahuri par l'erreur apparente, Lorenz vérifia les données qu'il avait entrées. Il avait raccourci le nombre après la troisième décimale, en supposant que ce détail minime ne changerait rien. Alors que l'ordinateur avait utilisé 0,506 127, Lorenz n'avait saisi que 0,506. Mais cela avait fait toute la différence. Il avait découvert la sensibilité aux conditions initiales : une imprévisibilité qui est le résultat de nos connaissances limitées.

Nos règles ne sont pas infiniment petites, nos actions parfaitement homogènes et nos machines d'une puissance sans bornes. Ainsi chaque mesure relevée, chaque calcul exécuté à l'aide de ces mesures, comporteront une marge d'erreur réduite mais indéniable. Avant Lorenz, on estimait certainement que les problèmes causés étaient proportionnels à l'erreur. Mais la sensibilité aux conditions initiales signifie, le plus souvent, que l'erreur sera phénoménale au final.

Il suffit de regarder autour de nous pour découvrir le chaos. Le Système solaire, par exemple, est chaotique, car plus de deux corps y interagissent. Comme Henri Poincaré l'a établi, tandis qu'il existe des solutions exactes aux équations décrivant les interactions entre deux corps, cela n'est plus vrai aussitôt qu'on en ajoute un – ou davantage. Ces équations mathématiques décrivant le système ne peuvent tout simplement pas être résolues.

Avec ses huit planètes et le Soleil, sans compter les innombrables rochers, astéroïdes et comètes, le chaos règne dans nos cieux. Mais un Système solaire chaotique ne nous expose pas pour autant au risque de percuter, à tout instant, une autre planète. Les orbites chaotiques sont souvent « liées » : leurs cycles ne se répètent jamais vraiment, mais se déroulent dans un espace limité, diminuant ainsi le danger de collision.

Étrange beauté

Cette contingence, où le chaos opère dans de strictes limites, a donné le jour à une autre icône du chaos : *l'attracteur étrange*. Imaginez un système simple dont le comportement soit chaotique, une sorte de double pendule, où deux tiges rigides reliées de façon lâche peuvent osciller librement. Le mouvement du double pendule ressemble à celui de la jambe sur la hanche, mais avec un genou capable de plier dans les deux sens. À moins de l'avoir vu de ses propres yeux, il est difficile d'imaginer le degré d'imprévisibilité déployé par le double pendule. Il se balance d'avant en arrière en achevant chaque oscillation en un point apparemment aléatoire.

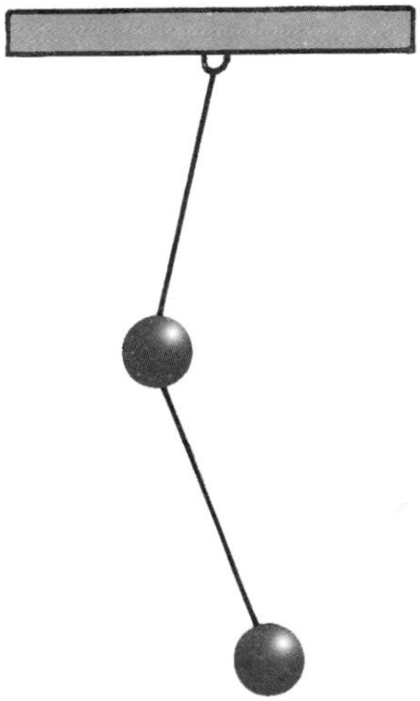
LE DOUBLE PENDULE.

En oscillant librement à partir de points de départ arbitraires, le bras du double pendule trace un motif en boucles inscrites dans une forme définie. Certes, il ne trace jamais deux fois la même boucle, mais il ne dévie guère du tracé déjà suivi. Cette « attraction » dans une forme particulière est à l'origine du nom d'attracteur étrange. L'exemple le plus connu est sans doute l'attracteur de Lorenz, en forme de papillon. Ce tracé montre le déplacement d'un système chaotique en trois dimensions. À mesure que le mouvement se poursuit, les lignes sont de plus en plus denses, mais leurs trajectoires ne se croisent et ne se répètent jamais.

Une structure semblable est obtenue avec un pendule en acier oscillant au-dessus de trois aimants, disposés en triangle. Les aimants attirent le poids en acier, et l'attraction varie selon que le poids se déplace hors du champ magnétique ou pas. La somme de

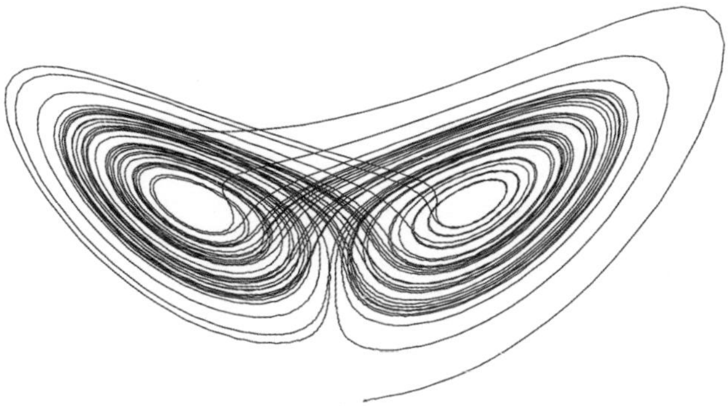
L'ATTRACTEUR DE LORENZ.

toutes les forces en jeu contraint le pendule à accomplir une trajectoire sensible aux plus infimes variations de sa position initiale ou de sa vitesse.

Lorsque le chaos menace

Que ces orbites chaotiques soient liées ne nous met pas à l'abri de conséquences extrêmes. Nous le constatons dans les effets que les planètes exercent les unes sur les autres. Même si les orbites elles-mêmes s'écartent peu de leur trajectoire prévisible, le mouvement chaotique pourrait malgré tout provoquer un cataclysme. Des calculs montrent que la moindre poussée de Saturne par les particules du vent solaire, par exemple, pourrait rendre son orbite « apériodique » et modifier légèrement sa trajectoire à chaque orbite autour du Soleil.

La perspective est assez effrayante car elle présente la possibilité que Jupiter, Saturne et le Soleil s'alignent un jour. Combinées, leurs forces gravitationnelles suffiraient à arracher des corps à la ceinture d'astéroïdes située entre les orbites de Mars et Jupiter, déclenchant une pluie d'astéroïdes. Certains affirment qu'un tel événement aurait précédé l'impact des astéroïdes qui auraient mis fin à l'âge des dinosaures. Dans ce cas, ce ne serait pas la première fois que le chaos aurait eu un impact biologique – et donc, sans doute, pas la dernière. L'effet papillon règne sur la biologie aussi sûrement que sur les oscillations du double pendule.

Le chaos dans la nature

La théorie du chaos a eu une formidable influence sur l'écologie scientifique. L'idée des populations qui augmentent ou diminuent en fonction des périodes fastes ou non avait toujours tenu le haut du pavé dans la pensée biologique. Mais l'ascension de la théorie du chaos et de l'effet papillon a donné lieu à de grandes découvertes. Auparavant, les biologistes versés dans les mathématiques écrivaient des équations s'approchant du résultat escompté. Ils décrivaient, par exemple, le nombre d'écureuils vivant sur 1 km^2, l'abondance de leur nourriture, la fréquence de leur reproduction, le nombre de prédateurs partageant le même territoire.

À partir de là, ils déterminaient la façon dont la population d'écureuils pouvait croître et diminuer dans le temps. Lorsque les équations présentaient des résultats quelque peu farfelus, l'expérimentateur, supposant avoir affaire à une quelconque instabilité du modèle, relançait le scénario en le remettant à zéro. Avec l'arrivée de la théorie du chaos, il devint évident que ces changements subits pouvaient relever naturellement du système décrit.

Imaginons, par exemple, une population d'écureuils sans prédateurs. Si, en moyenne, la progéniture d'un adulte est inférieure à un par génération, la population finira par s'éteindre. Entre un et trois petits, une certaine stabilité s'installe. En revanche, avec une progéniture moyenne supérieure à trois, l'évolution prend une tournure insolite.

C'est la tendance en « dents de scie » de la statistique des populations. Les théoriciens du chaos appellent cela une « bifurcation ». C'est-à-dire que la population est particulièrement sensible au nombre de rejetons par génération. Elle explose une année pour s'effondrer brutalement et sans transition au cours de la suivante. La bifurcation se dédouble alors de plus en plus et de façon, semble-t-il, aléatoire : aucune structure n'émerge. Mais après un temps, la progéniture croît de nouveau, et, sortie d'on ne sait où, une autre bifurcation surgit.

Ce degré de complexité se rencontre partout dans la nature, et sa bonne compréhension permet de sauver des vies. L'aléatoire, les pics et les creux, les explosions et les effondrements s'observent lors d'épidémies de sida, de rougeole et de polio, par exemple. Parce que le nombre de cas suit une trajectoire chaotique, il sera sensible au coup porté par un programme de vaccination. Mais cette intervention ne jugule pas toujours l'épidémie ; au contraire, les chiffres peuvent montrer une soudaine instabilité – dans une zone de bifurcation, par exemple. À court terme, le nombre de cas peut augmenter, et laisser penser qu'un programme de vaccination aura échoué. Les médecins chercheurs, sensibilisés aux notions de chaos, ne s'arrêtent pas à cette réponse initiale, mais donnent le temps à la réponse chaotique de tracer sa trajectoire, espérons-le, descendante.

DES FORMES FRACTALES

Voici une question simple : quelle est la longueur des côtes de Grande-Bretagne ? Feuilletez plusieurs encyclopédies et vous obtiendrez des réponses extrêmement variées – la différence pouvant atteindre 20 %. L'explication la plus simple est que cela dépend de l'échelle utilisée. Prenez-en une plus petite, et vous trouverez toujours des lignes supplémentaires plus fines à mesurer. Les littoraux, comme d'innombrables structures de la nature, sont identiques à eux-mêmes, ou « fractals ».

Il est donc toujours possible de mesurer un littoral fractal de plus près et d'additionner cette longueur au total déjà obtenu. En zoomant sur la structure fractale, l'image ne se modifie pas. À chaque changement d'échelle, le même motif se répète. Sur une photo ne représentant que des dunes de sable désertes ou les vagues d'un océan, par exemple, il est impossible de dire s'il s'agit de quelques kilomètres carrés ou de quelques centimètres carrés. Il en va de même pour les littoraux.

Pour créer une fractale, il suffit de dessiner des formes simples mais répétées. Le flocon de Koch, par exemple, est composé de triangles ajoutés au centre de chacun des côtés d'un triangle existant. La longueur du côté des nouveaux triangles correspond au tiers du côté sur lequel ils reposent. Après quelques itérations, le résultat compose un motif surprenant de détails.

Cette complexité est l'estampille des fractales et ce qui les relie à la théorie du chaos, qui affirme

Séquence du flocon de Koch.

que pour générer une image parfaitement exacte, il faut en effet partir d'informations tout aussi exactes – ce qui est, en définitive, impossible. Dans un système chaotique, toute inexactitude dans les informations sera prodigieusement amplifiée et finira par donner une image grotesquement distordue. Les fractales sont un peu comme une théorie du chaos inversée : l'exactitude de l'information obtenue pour une image dépend de la proximité à laquelle on se trouve – sachant que l'on ne peut jamais être suffisamment près pour obtenir une information parfaitement exacte.

Ainsi, les manifestations du comportement fractal intriguent et exaspèrent à la fois. Les chercheurs ont tenté de découvrir des structures fractales en dehors du monde naturel. Les données financières – les comptes rendus d'échanges boursiers, par exemple – adoptent souvent une forme fractale, ce qui laisse penser que leur structure détaillée résulte de règles ridiculement simples. Mais déduire des informations utiles à propos de ces règles est d'une extrême difficulté.

La structure fractale la plus connue est l'ensemble de Mandelbrot. Créé pour la première fois par le mathématicien Benoît Mandelbrot, il se définit par une équation relativement simple, bien qu'il forme un assemblage complexe de disques, épines, spirales et gerbes contenant tous des structures similaires. Son aspect esthétique n'a presque aucun équivalent en mathématique, mais que représente-t-il vraiment ?

Ce n'est pas clair. Les chercheurs ont suggéré que la structure fractale des marchés financiers était régie par des règles simples et qu'en conséquence, il devrait être bien plus simple de les analyser (et donc de les prévoir) que ce que nous pouvions imaginer. L'ubiquité des structures fractales dans des systèmes naturels et artificiels, y compris dans la culture – par exemple dans de nombreux motifs musicaux communs et l'art de Jackson Pollock –, a conduit Mandelbrot à affirmer qu'elles étaient la clé permettant d'ouvrir les plus profonds secrets de l'Univers. Jusqu'à présent pourtant, l'étude des fractales n'a pas encore produit de résultats véritablement significatifs.

La compréhension du chaos biologique et de l'effet papillon sauve des vies dans le monde entier de manière encore plus directe. Le cœur bat grâce à des pulsations électriques coordonnées qui circulent dans les cellules comme des ondes, contractant le muscle d'une manière et à une cadence spécifiques. Si le rythme s'interrompt, c'est l'arythmie. Les arythmies cardiaques sont à l'origine du décès de centaines de milliers de personnes chaque année : pour d'innombrables raisons, le cœur cesse de battre normalement – ou parfois complètement. Les muscles se contractent alors souvent de façon aléatoire, et le cœur n'est bientôt plus une pompe, mais un amas palpitant de tissus. Il est devenu un système chaotique, dont un choc électrique peut rétablir l'équilibre.

Les médecins savent depuis longtemps qu'un choc électrique peut rapidement régler ce problème, mais on ne peut pas envoyer n'importe quelle secousse dans un cœur humain. Pour relancer le rythme, il faut en avoir saisi les dynamiques chaotiques. Le cœur, en effet, est un oscillateur au même titre qu'un pendule. Et si l'on sait comment contrôler un pendule chaotique, on est en mesure de concevoir un défibrillateur plus efficace que celui conçu à force d'essais hésitants et d'erreurs. Il reste que le domaine d'application majeur de l'effet papillon est précisément celui dont il est issu : la météorologie.

L'imprévisible prévisible

Les météorologistes aiment construire des simulations infiniment complexes de systèmes climatiques sur des ordinateurs superpuissants. Fondées sur les lois de la physique, elles modélisent des phénomènes comme la manière dont les courants océaniques et atmosphériques se déplacent autour du globe. Avant l'ère papillon, on pouvait penser qu'une simulation suffisamment puissante pourrait prévoir la météorologie des semaines, des mois ou même des années à l'avance. Or, le chaos nous apprend que c'est absolument impossible.

L'ennui, c'est que la physique des modélisations est approximative, et les données utilisées dans les simulations le sont davantage encore. Des stations météorologiques sont disséminées sur tout le globe mais il y a de grandes zones vides : nous ne possédons pas d'informations sur les lieux situés entre les stations. Les scientifiques sont bien conscients à présent qu'en l'espace de quelques jours seulement, ces sources d'erreurs sont suffisantes pour donner aux modèles une trajectoire qui n'offrira plus aucune relation avec la réalité.

Bien entendu, les météorologistes mettent à jour leurs modèles chaque fois qu'ils ont de nouvelles données. Ils réalisent aussi des prévisions « d'ensemble », qui consistent à introduire des conditions initiales légèrement différentes dans le modèle et à observer l'amplitude des résultats, dont la moyenne sera la prévision la plus probable. Cela leur permet également d'évaluer la vraisemblance des prévisions. Car faire des prévisions ne suffit pas, il faut aussi en connaître la fiabilité.

Comme par ironie, en revanche, les prévisions à long terme sont plus fiables : la climatologie n'est pas aussi sensible aux conditions initiales que les prévisions météo à court terme. C'est essentiellement parce que les prévisions climatiques sont davantage le résultat de données générales que particulières. Le battement d'ailes d'un papillon va peut-être déclencher une tempête au Texas, mais un autre apaisera un ouragan déjà formé. Sur trente ans environ d'analyses climatiques, le nombre de tempêtes s'équilibre, et un papillon unique n'a aucune influence.

Lorenz en a fait la démonstration grâce aux équations sur le chaos. La forme particulière de l'attracteur étrange, appliquée à la climatologie, correspond au climat à venir. La ligne fluide qui dessine graduellement la forme en se déplaçant de manière imprévisible est comme un bruit dans un signal : ce n'est pas le paramètre intéressant. Réaliser des simulations climatiques, aussi chaotiques que les prévisions puissent être à court terme, nous offre un tableau général fiable de ce qui est à venir. La théorie du chaos mène-t-elle au désastre ? C'est en fait absolument le contraire : le papillon battant des ailes a joué un rôle clé en nous dévoilant la plus grande menace pour l'humanité : des changements climatiques qui s'emballent sous l'action de l'activité humaine. Le chaos n'est pas toujours un problème.

QU'EST-CE QUE LA LUMIÈRE ?

Un étrange type d'onde, et un type de particules plus étrange encore

« Qu'est-ce que la poésie ? Eh bien ! Monsieur, il est plus facile de dire ce qu'elle n'est pas. Nous savons tous ce qu'est la lumière, mais il n'est pas aisé de dire ce qu'elle est. » Samuel Johnson voyait là une justification convaincante de la difficulté à définir la poésie. Malheureusement, l'idée selon laquelle nous saurions tous ce qu'est la lumière est embarrassante, car il n'est pas dit que ce soit le cas.

Lorsque Johnson écrivit ces mots dans l'Angleterre du XVIIIe siècle, le point de vue d'Isaac Newton, qui considérait la lumière comme des particules ou « corpuscules » d'énergie, régnait en maître. Vingt ans après la mort de Johnson, Thomas Young « prouva » que la lumière est une onde et non une particule. Un siècle plus tard, Albert Einstein montra à nouveau que la lumière est faite de particules. De nos jours, il nous faut penser la lumière des deux manières – ou d'aucune. La lumière, métaphore universelle pour désigner la compréhension et les révélations, est étonnamment obscure.

Ce qui est certain à propos de la lumière, c'est qu'elle est essentielle à notre existence. Sans le rayonnement du Soleil, les plantes ne pourraient pas effectuer la photosynthèse pour emmagasiner de l'énergie et croître, et nous n'aurions rien à manger. Les êtres humains privés de soleil souffrent de dépression. Des chercheurs ayant maintenu des rats dans le noir pendant six semaines ont constaté que les cellules de leur cerveau mouraient par manque de soleil. Une exposition insuffisante à la lumière directe du Soleil crée des problèmes osseux comme le rachitisme. Quelle que soit la nature de la lumière, nous avons besoin d'elle.

Ce fait était déjà connu des anciennes civilisations. Le monument néolithique de Stonehenge est, semble-t-il, un temple dédié au Soleil pourvoyeur de lumière. Les Égyptiens vénéraient Râ, le dieu du Soleil, en tant que créateur de la vie. Mais ce sont les Grecs qui, les premiers, tentèrent de définir la lumière, se montrant un peu plus avisés que les Égyptiens : pour eux, la lumière n'était pas un dieu à vénérer, mais un produit dérivé du feu, l'un des quatre éléments fondamentaux qui constituent l'Univers.

Les Grecs avaient émis de nombreuses idées sur la nature de la lumière et sur la vision. Celle d'Euclide était la plus aboutie. La lumière provenant d'un objet se mélangeait à celle de l'œil, affirmait-il, mais on ne pouvait voir l'objet que lorsque le feu de l'œil se reflétait tout droit sur l'objet. Cependant, la vision scientifique moderne n'en retient que le déplacement en ligne droite de la lumière. Et il fallut attendre presque deux millénaires avant qu'une nouvelle tentative fasse avancer notre conception de la lumière. Ce pas fut franchi par René Descartes, au début du XVIIe siècle.

Des ondes aux particules, des particules aux ondes

La contribution de Descartes, qui fut de courte durée, reposait sur l'idée d'un fluide invisible – le « plenum » – qui remplissait l'espace. Le plenum, affirmait Descartes, présente une « tendance au mouvement » telle qu'une bougie y crée une pression à peu près de la même manière qu'un tambour produit des ondes sonores dans l'air. Cette pression est transmise au globe oculaire et se manifeste sous forme de lumière. Isaac Newton démystifia bien vite cette idée.

Si la lumière n'est qu'une pression du plenum sur l'œil, objecta Newton, alors se mettre à courir par une nuit noire devrait inonder le monde de lumière. Newton était un grand admirateur du concept naissant d'atome : aux plus petites échelles, tout peut être divisé en constituants élémentaires, et la lumière ne devrait pas être différente.

Elle était, suggéra-t-il, composée d'éléments atomiques qu'il nommait « corpuscules ».

La théorie corpusculaire régna pendant 150 ans, mais son parcours fut malaisé. Robert Hooke, le grand rival de Newton, avait conçu une théorie des ondes concurrente (à l'époque, ces théories supposaient l'existence d'un *éther* dans lequel la lumière créait des vibrations), de même que le mathématicien et astronome hollandais Christiaan Huygens. Les deux idées furent admises lors des expériences scientifiques ; ce n'est que grâce à la réputation de Newton que les corpuscules s'imposèrent. Mais en 1803, Thomas Young prouva de manière définitive la nature ondulatoire de la lumière.

La démonstration de Young était basée sur le fait que l'interaction entre deux vagues produit des figures géométriques prévisibles (voir « Qu'est-il arrivé au chat de Schrödinger ? »). À l'endroit où les crêtes des vagues se rencontrent, on observe une *interférence constructive* : une crête deux fois plus grande. Lorsque deux creux se rencontrent, une *interférence destructive* crée un creux deux fois plus profond. Enfin, lorsqu'une crête rencontre un creux, la surface de l'eau est plate. En connaissant la vitesse et la direction des vagues à la surface de l'eau, ainsi que le moment initial de leur séparation, il était possible de prévoir les figures géométriques de l'eau qui en résulteraient. Si la lumière est une onde, le même phénomène devrait se produire lorsqu'elle traverse une double fente. En interagissant, les deux ondes lumineuses devraient produire une « figure d'interférence ».

Interférence avec l'éther

L'expérience de la double fente de Young fonctionna à merveille, portant sur-le-champ un coup fatal à la théorie corpusculaire : la lumière était indiscutablement une onde. Seule une question restait en suspens : si la lumière est une onde, à travers quoi se déplace-t-elle ? La première proposition était proche du plenum de Descartes : l'éther, une substance fantomatique qui emplit l'espace et le temps, et constitue le médium par lequel l'électricité, la lumière et le magnétisme sont transmis. Mais une expérience menée à la fin du XIXe siècle montra que l'éther n'existait pas, en tout cas pas sous une forme qui permettrait de transmettre la lumière.

En 1887, Albert Michelson et Edward Morley se mirent en devoir de démontrer que l'éther *existait* vraiment. Leur expérience d'interférométrie était constituée d'une table rotative capable de mesurer la vitesse de la lumière selon différentes directions. L'idée était que, si un « vent d'éther » soufflait, la lumière se déplacerait à des vitesses différentes en fonction des directions. Cette variation devrait apparaître sur l'interféromètre en produisant un écart tout autour de la figure d'interférence.

L'expérience ne réussit pas à détecter un éther, ce qui surprit les physiciens. Alors qu'il était clair que la lumière pouvait voyager dans le vide, ce qui la différenciait radicalement du son, on pensait qu'elle devait malgré tout se déplacer dans quelque chose. La lumière présentait des caractéristiques propres aux ondes, mais si elle ne circulait pas par l'éther, elle ne correspondait plus à aucun type d'onde connu. Nous sommes parvenus à une énigme dont le mystère persiste. La lumière est bien une onde, mais elle ne ressemble à aucune autre. Et certains des plus grands esprits de la physique assurent qu'elle n'en est absolument pas une.

> *« On vous a probablement appris que la lumière se comporte comme une onde. Je vous l'affirme, elle se comporte bien comme une particule. »*
>
> RICHARD FEYNMAN

Le corpuscule revient au galop

Richard Feynman l'exprimera avec la plus grande vigueur : « J'insiste sur le fait que la lumière se trouve sous la forme de particules, dit-il un jour à ses élèves. Il est très important de savoir que la lumière se comporte comme une particule, surtout pour ceux qui ont fréquenté l'école, où l'on vous a probablement appris que la lumière se comporte comme une onde. Je vous l'affirme, elle se comporte bien comme une particule. »

Si la détermination de Feynman ne suffit pas à vous convaincre, tournons-nous vers Albert Einstein, qui démontra la nature corpusculaire de la lumière. Son expérience fut publiée en 1905 sous le nom d'« effet photoélectrique », qui est à la base des travaux sur l'énergie solaire. On savait depuis un certain temps que la lumière heurtant une surface en métal peut en libérer des électrons. Cependant, personne n'avait compris pourquoi le flux d'électrons libérés semble augmenter lorsque la fréquence de la lumière se déplace vers l'extrémité ultra-violette du spectre. Le bon sens – comme le dictait la théorie sur l'électromagnétisme de Maxwell – voulait que le courant augmente avec l'intensité de la lumière et non avec sa fréquence.

Einstein résolut l'énigme en avançant l'idée du photon : un « paquet » d'énergie qui correspond à la particule quantique de la lumière. Selon les prédictions d'Einstein, le nombre d'électrons libérés par le métal dépend de l'énergie des photons – elle-même proportionnelle à la fréquence de « l'onde » de lumière. Seuls les photons dotés d'une énergie minimale seraient capables de libérer un électron. Les photons touchant le métal et dont l'énergie est supérieure à ce seuil ne libèrent pas seulement des électrons, ils leur transmettent également cette énergie supplémentaire. Les expériences qui ont mesuré l'énergie cinétique des électrons émis ont montré que c'était en effet le cas, ce qui valut à Einstein le prix Nobel de physique en 1921.

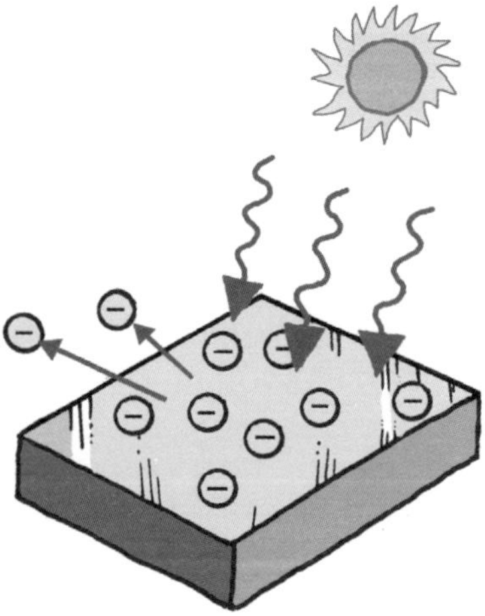
L'EFFET PHOTOÉLECTRIQUE.

En dépit du prix Nobel et de l'obstination de Feynman, la notion de lumière corpusculaire est l'un des concepts les plus incertains de la physique. Car s'il est confortable d'assimiler le photon à une particule, comme c'est le cas de l'électron ou du proton, il s'en différencie par certains aspects. Il est, par exemple, dénué de masse.

Le physicien Willis Lamb, à qui nous devons de nombreuses découvertes majeures réalisées au cours de sa brillante carrière au sein des célèbres laboratoires Bell, alla même jusqu'à déclarer que le terme « photon » devrait être banni de la physique. Le mieux, affirma-t-il, serait de le soumettre à un droit d'utilisation – que Lamb n'aurait délivré que si la nécessité réelle de s'éloigner du modèle ondulatoire de la lumière se présentait.

Illuminer le cosmos

Même si nous ne connaissons pas la nature exacte de la lumière, il reste beaucoup à dire sur le rôle prépondérant qu'elle joue dans notre description de l'Univers, notamment sur sa vitesse, la plus élevée du cosmos. Il fut un temps où les physiciens croyaient que la vitesse de la lumière était infinie, et qu'ainsi l'éclat des étoiles ou des planètes lointaines nous parvenait instantanément. À la fin du XVIIe siècle, cette idée fut abandonnée, car des expériences montrèrent que seule une vitesse finie de la lumière pouvait expliquer des anomalies comme l'orbite irrégulière d'Io, le satellite le plus proche de Jupiter. Pourtant, l'idée que rien ne pouvait voyager plus vite que la lumière semblait à première vue sortir de nulle part.

Cette notion devait le jour à des réflexions menées sur l'équation de Maxwell qui décrit le phénomène électromagnétique. Nous savons que le mouvement d'une charge électrique – l'électricité – crée un champ magnétique alentour. Ce même champ magnétique, lorsqu'il s'accroît, génère de l'électricité. Et ainsi le cycle se répète. Maxwell découvrit qu'il en résultait quelque chose qui se déplaçait avec l'intensité sinueuse d'une onde, et qu'il pouvait calculer sa vitesse de propagation. C'était une valeur bien connue, la même vitesse que les astronomes avaient calculée comme étant la vitesse de la lumière (en mesurant les instants des éclipses ainsi que les orbites des planètes et des lunes). Par conséquent, conclut Maxwell, la lumière doit être un phénomène électromagnétique.

Tout alla très bien jusqu'au jour où les physiciens se rendirent compte que tous les phénomènes électromagnétiques ne se comportaient pas de cette manière. Analysez les rayonnements émis par quelque chose qui se déplace par rapport à vous, et vous découvrirez qu'ils n'obéissent pas exactement aux équations de Maxwell. Einstein résolut le problème par une avancée radicale. En supposant que les lois de la physique devaient être les mêmes quelle que soit la façon dont nous nous déplaçons, il conçut une nouvelle loi : la vitesse de la lumière est une constante, et rien ne peut se déplacer plus rapidement.

Déterminer la vitesse de la lumière

Lorsque vous croisez une voiture dont les phares sont allumés, leur lumière n'est pas accélérée par la vitesse du véhicule. Et si la voiture ralentit, la lumière ne décélère pas non plus. Elle se déplace toujours à un peu moins de 300 millions de mètres par seconde. Cette notion non intuitive, qui est au centre de la théorie de la relativité restreinte d'Einstein, a des conséquences extrêmement insolites (voir « Qu'est-ce que le temps ? »). Mais elle a été vérifiée au cours d'innombrables expériences. Et, selon les principes de la relativité, plus on se rapproche de la vitesse de la lumière, plus il est difficile d'accélérer.

VOYAGER PLUS VITE QUE LA LUMIÈRE

L'idée de se déplacer à la vitesse de la lumière prit un tour étrange lorsqu'en 1999, Lene Hau réussit à ralentir la lumière à la vitesse d'une bicyclette en mouvement. Deux lasers ont permis cet exploit : l'un pour « préparer » des atomes de sodium, et l'autre pour fournir une impulsion de lumière pour « ralentir ». L'énergie du faisceau préparateur est sur une fréquence dont la valeur pousse les atomes dans un état qui ne leur permet plus d'absorber « les impulsions de lumière ralentie ». Ainsi, l'impulsion qui, normalement, devrait être absorbée traverse le nuage d'atomes.

Mais tandis qu'elle voyage, elle cède une partie de son énergie aux atomes de sodium. Ces derniers retiennent l'énergie pendant un moment, puis la libèrent à nouveau dans l'impulsion qui les traverse. Le résultat est un peu comme d'enlever les wagons à l'avant d'un train, puis de les attacher cette fois à l'arrière. Tandis que les wagons se déplacent à une vitesse normale, la progression du train dans son ensemble est ralentie.

Ainsi, même si la vitesse de la lumière a bien été réduite, il s'agit d'un véritable tour de passe-passe. Deux ans plus tard, Hau alla encore plus loin et stupéfia le monde entier en stoppant la lumière dans sa course. Pour ce faire, l'état quantique des atomes a dû être davantage modifié, au point de pouvoir retenir l'énergie aussi longtemps que nécessaire. Puis, en bousculant légèrement les atomes pour les sortir de cet état, Hau est parvenue à faire repartir la lumière.

Cet effet rétablit un ordre dans l'Univers, permettant aux équations de Maxwell de décrire n'importe quelle situation, quel que soit le mouvement relatif entre l'émetteur et le détecteur du rayonnement. Parmi les données les plus récentes, nous trouvons une version quantique des travaux de Maxwell, connue sous le nom d'électrodynamique quantique (QED), qui décrit parfaitement le comportement de la lumière. Quelle que soit la nature de la lumière, la découverte de la constance de sa vitesse, indépendante des circonstances, nous a permis de cartographier le passé, le présent et le futur du cosmos.

Lorsque nous apercevons la lumière d'une étoile éloignée, nous savons qu'elle a voyagé à travers l'espace et le temps. Nous voyons toujours le Soleil tel qu'il était huit minutes auparavant ; la lumière émise par les autres étoiles nous offre une vision bien plus éloignée dans le passé. Qui plus est, observer les étoiles à différentes étapes de leur évolution, leur distance étant connue par ailleurs, nous permet de déduire les événements qui jalonnent leur vie – des informations dont nous nous servons pour prévoir ce qui se passera dans le futur. L'évolution de notre Soleil, par exemple, est maintenant bien comprise : il nous reste à peu près cinq milliards d'années avant qu'il ne commence à s'éteindre, processus qui le conduira à gonfler et devenir une géante rouge qui engloutira la plupart des planètes – y compris notre Terre.

Une puissance mystérieuse

L'autre grande application qui découle de notre plus grande maîtrise de la lumière est une technologie qui définit peut-être parfaitement le XXe siècle : le laser. À l'ère des lecteurs CD, des scanners à codes-barres des supermarchés, des lignes optiques de téléphone à haut débit et de la chirurgie oculaire corrective, il est difficile d'imaginer que les inventeurs du laser aient ignoré les usages que l'on pourrait en faire.

Laser est l'acronyme anglais pour Light Amplification by Stimulated Emission of Radiation (amplification de la lumière par émission stimulée de rayonnement). La lumière émise par une ampoule standard, ou par le Soleil, provient des atomes qui la libèrent individuellement. Le principe du laser est de pomper de l'énergie dans un gaz d'atomes, puis de la libérer de manière contrôlée : les impulsions sont « cohérentes », c'est-à-dire liées ensemble afin de générer un rayon intense et puissant.

Pour ce faire, on amorce les atomes en envoyant une impulsion d'énergie qui fait passer un de leurs électrons à un état énergétique élevé. Une seconde impulsion fait revenir cet électron à son niveau initial. En retombant, il émet un photon de lumière qui déclenche une réaction en chaîne. Chaque photon en heurte un autre, le faisant passer à un état d'énergie élevé, ce qui stimule ainsi la réaction, un nombre croissant de photons étant émis, en retour, par les atomes du gaz. Le résultat est un rayon laser.

Il est plus aisé d'expliquer le mécanisme des lasers par une approche corpusculaire, mais la puissance du rayon est mieux servie par une description ondulatoire. Nous savons que les ondes, telles que les vagues sur l'eau, peuvent s'additionner lorsqu'elles se rencontrent « en phase », c'est-à-dire que leurs sommets coïncident. Il en résulte une vague infiniment puissante, ce qui décrit bien la lumière laser dans son principe.

La puissance des lasers n'est pas leur seule qualité. La lumière peut être très finement contrôlée, à l'aide des photons enfermés ensemble, faisant d'eux des outils scientifiques incomparables qui offrent une myriade d'applications, du calcul de la distance Terre-Lune à l'exploration des secrets de l'atome. Les applications dérivées, telles que les scanners à codes-barres, la lecture d'informations gravées sur un CD, l'industrie moderne des télécommunications, n'en sont que les cerises sur le gâteau.

Toutefois, le laser ne règle en rien le débat sur la nature de la lumière. Quelle que soit notre habileté à interpréter ce que la lumière nous révèle à propos de l'Univers et à nous servir de sa puissance pour changer le monde autour de nous, la nature de la lumière elle-même demeure insaisissable. Thomas Young serait étonné de découvrir que nous sommes maintenant en mesure d'imiter son expérience de la double fente – l'expérience qui prouva que la lumière est une onde – et d'en modifier légèrement le montage de sorte que la lumière s'explique par sa nature corpusculaire. Nous n'avons toujours pas réussi à relier les points de vue ondulatoire et corpusculaire. Cette énigme, qui est au centre de la théorie quantique, reste un mystère (voir « Qu'est-il arrivé au chat de Schrödinger ? »). Qu'est-ce que la lumière ? C'est une ondicule.

QU'EST-CE QUE LA THÉORIE DES CORDES ?

Les vibrations à l'origine de notre Univers

En fait, plutôt que de cordes, cette théorie parle de boucles élastiques, formées de brins extensibles chargés d'énergie et reliés entre eux. Mais, comme le reconnaît au moins un physicien, le terme « élastique » manque de dignité, et un peu de dignité semble appropriée pour une théorie qui représente notre plus grand espoir de comprendre enfin l'Univers.

On pourrait reprocher à la théorie des cordes de n'être qu'une idée nouvelle et ultramoderne, mais ce n'est pas le cas. Elle est apparue pour la première fois en 1968 dans le sillage de notre engouement d'après-guerre pour la physique des particules. Le noyau atomique n'avait été découvert qu'en 1911. En 1938 nous pouvions casser le noyau d'un atome et, en l'espace de vingt ans, nous avons appris tout ce qu'il y avait à savoir sur la physique nucléaire. Dix ans plus tard naquit la théorie des cordes, une audacieuse tentative pour élargir ces nouveaux horizons à tout l'Univers.

Elle vit le jour avec un physicien italien, Gabriele Veneziano, qui passa sa jeunesse à méditer sur les résultats d'expériences dans lesquelles des protons se percutent à très haute énergie. Il finit par distinguer un schéma : le choc entre deux protons provoque, au point de collision, l'éjection d'un certain type de particules à des angles prévisibles. Des quarks, les particules qui constituent le proton, sont le résultat initial de ces collisions. Mais ils se recombinent par la suite, pour donner différentes sortes de particules, la plupart d'entre elles

instables et de courte existence. Lorsque Veneziano attira l'attention des physiciens sur le caractère prévisible de leur formation, certains tentèrent d'en fournir l'explication. Selon eux, les résultats étaient cohérents, à condition de ne pas considérer les particules comme de minuscules billes de matière, mais d'imaginer à la place des brins de corde. L'énergie qu'ils véhiculent les fait osciller, et selon que les particules en gagnent ou en perdent, les cordes s'allongent ou se rétrécissent. Lorsque les cordes oscillantes entrent en collision, le spectre des vibrations résultant fait surgir ce que nous interprétons comme différents types de particules subatomiques. Aujourd'hui, cette « théorie du tout » nous paraît impressionnante, mais à l'époque, l'accueil fut rien moins que triomphal. En fait, l'article d'un des auteurs de la théorie des cordes fut même tenu pour insignifiant et rejeté. Et pourtant, il abordait des questions essentielles.

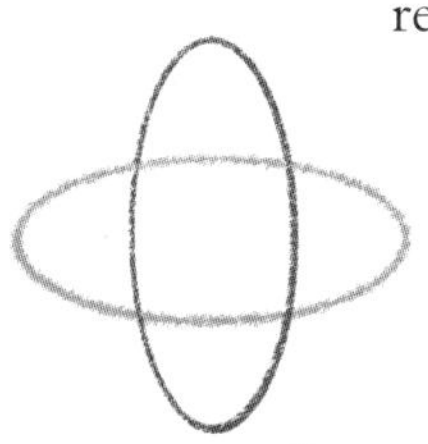

Des problèmes initiaux

Dans la nature, les particules élémentaires peuvent être (grossièrement) classées en deux types : les fermions, comme les électrons et les quarks, composent la matière, tandis que les bosons, comme le photon, transmettent les forces. La théorie des cordes décrit les bosons, mais demeure silencieuse quant à l'existence ou au comportement des fermions. Or, ces derniers constituent la base de la matière. La théorie présentait donc une lacune importante. Mais ce n'était pas la seule.

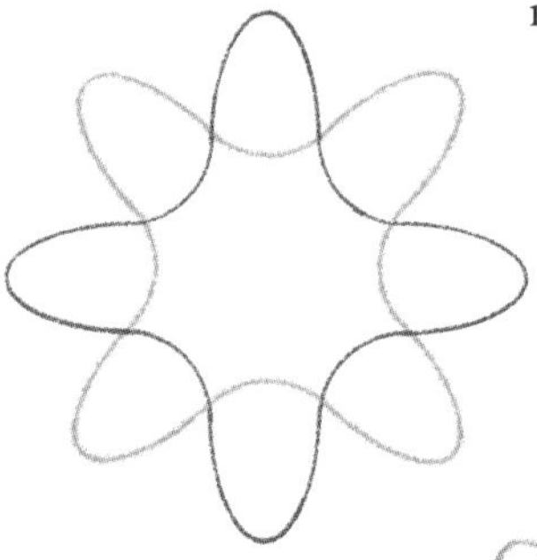

Vibrations de cordes.

Pour que les physiciens considèrent sérieusement la théorie des cordes, il lui fallait devenir compatible avec les deux piliers de la physique du XXe siècle : la mécanique quantique et la relativité. La seule manière d'y parvenir était d'envisager un Univers qui contiendrait un espace à vingt-cinq dimensions, et d'admettre également l'existence de particules en mouvement perpétuel et d'autres se déplaçant plus vite que la lumière.

Tout cela était un peu trop difficile à avaler et, pendant quelques années, la théorie des cordes n'occupa plus les esprits. Par ailleurs, le fait d'avoir été élaborée pour décrire les interactions fortes de la physique nucléaire – la force qui maintient les quarks ensemble pour former les protons et les neutrons – n'a pas joué en sa faveur non plus. Tandis que la théorie des cordes était négligée, émergeait le « modèle standard » de la physique des particules. Il rassemblait dans un paquet bien ficelé tout ce que l'on savait sur les particules subatomiques. La théorie des cordes parut alors superflue, voire légèrement burlesque.

Comment expliquer que la théorie des cordes soit devenue le graal des physiciens ? Une grande partie des travaux ont été réalisés en 1970 par le physicien français Pierre Ramond. Il avait découvert les vibrations des cordes qui donnent naissance aux fermions. Ce qui lui permit également de s'affranchir des particules plus rapides que la lumière et de réduire le nombre de dimensions supplémentaires à neuf. La théorie des cordes devint alors la « théorie des supercordes », et – merveille – elle était compatible avec la théorie quantique et la relativité. Une critique demeurait néanmoins : la prédiction des théoriciens des cordes que certaines particules ne sont jamais au repos.

Or, c'est la résolution de ce problème qui fut décisive. La fulgurante accession de la théorie des cordes à la célébrité est due à la découverte que ces particules en mouvement perpétuel étaient celles que les physiciens avaient longtemps espéré créer en théorie fondamentale : le photon, le quantum de lumière et, plus fascinant encore, le graviton, la particule quantique de la gravitation.

L'origine de la gravitation

Si l'arrivée d'une description théorique du photon avait été une réjouissance, celle du graviton, accomplie par la théorie des cordes, était le rêve de tous les physiciens. Dès la naissance de la théorie quantique, dans les années trente, ils avaient cherché à découvrir l'endroit où se rencontrent la gravitation et les autres forces. Ils avaient, peut-être, trouvé réponse à leur quête.

Les diverses forces naturelles – les forces forte et faible qui agissent dans le noyau, ainsi que la force électromagnétique qui agit entre des particules chargées – semblent avoir une nature fondamentalement différente de la force gravitationnelle. La pesanteur possède ses propres lois. Elle ne fait qu'attirer, par exemple, tandis que l'électromagnétisme attire et repousse. En définitive, les physiciens visaient à expliquer ce caractère exceptionnel. Et la théorie des cordes semblait justement capable d'y répondre.

Selon cette théorie, les extrémités des cordes sont associées à une particule et à son antiparticule – comme un électron et un positron. L'oscillation de la corde transporte la force qui agit entre ces paires de charges. Une corde peut se scinder en deux ou entrer en collision avec une autre corde. Il en résulte des cordes qui, occasionnellement, se ferment en une boucle. Cette dernière n'est associée à aucune charge, mais à une force qui correspond aux caractéristiques de celle que nous connaissons désormais sous le nom de gravitation.

Lorsqu'ils réalisèrent que la théorie des cordes intégrait la gravitation, un grand nombre de physiciens lui accordèrent toute leur attention. Elle avait été considérée jusque-là comme un simple moyen de décrire les interactions nucléaires, alors qu'il s'agissait en fait d'une théorie quantique de la gravitation, une théorie ambitieuse et unificatrice, une théorie du tout. La théorie des cordes incarna, presque du jour au lendemain, le nouveau grand espoir de la physique. Un espoir longtemps différé, pourtant, car nous étions déjà en 1984 lorsque cette théorie sembla prête à achever la tâche entreprise par Einstein. Trois décennies se sont écoulées depuis et qu'en est-il de cette théorie finale tant attendue ? La question s'est révélée, de fait, très polémique.

Une théorie finale ?

Personne ne doute de la nécessité d'une théorie finale. La mécanique quantique et la relativité sont inconciliables – à un degré qui frise l'absurde. Les lois de la physique, par exemple, ne sont pas les mêmes pour des particules quantiques qui ne se déplacent pas de la même manière à travers l'Univers. La description quantique d'un électron diffère selon qu'il est au repos ou se déplace à une vitesse proche de celle de la lumière. Albert Einstein avait construit la théorie de la relativité précisément pour éviter de tels écueils.

D'un autre côté, observée à travers le prisme de la théorie quantique, la relativité n'a pas de sens. Les calculs quantiques peuvent être réalisés sans référence au temps ni à la distance, par exemple, alors que la relativité ne peut envisager quoi que ce soit ne nécessitant ni l'espace ni le temps. Potentiellement, la théorie des cordes peut surmonter tous ces problèmes. Mais ce n'est pas encore le cas – du moins pas au point de devenir une théorie extrêmement séduisante. Avant qu'elle ne soit acclamée comme la nouvelle « théorie supérieure », avant que nous puissions dire que l'Univers est vraiment composé de cordes, il lui faudra d'abord venir à bout de ses propres démons. L'un d'eux était évident d'emblée. Nous vivons dans un espace à trois dimensions, mais pour être cohérente avec la relativité et la théorie quantique, la théorie des cordes en nécessitait vingt-cinq. Par la suite, ce nombre fut ramené à neuf, mais il reste malgré tout six dimensions qui n'ont jamais été vues. Alors, où peuvent-elles se trouver ?

Pour résumer, de notre perspective en tout cas, les dimensions supplémentaires sont enroulées de manière très serrée, ou « compactifiées ». Imaginez un tuyau d'arrosage vu depuis une certaine distance. Il ressemble à une ligne unidimensionnelle plutôt qu'à l'objet tridimensionnel qu'il est réellement. Selon les acteurs de la théorie des cordes, c'est ainsi qu'il faut penser les dimensions supplémentaires. Elles sont présentes, mais n'ont quasiment aucun impact sur nos trois dimensions spatiales.

Un espace de Calabi-Yau.

Il ne s'agit pas d'un simple argument. Il a été construit à l'aide d'outils mathématiques : les dimensions supplémentaires peuvent être enroulées en un tore à six dimensions, ou en n'importe quelle forme complexe à six dimensions – il en existerait plus d'un million – que l'on appelle espaces de Calabi-Yau. Cela confère naturellement une grande flexibilité à la théorie des cordes. Chaque forme de Calabi-Yau, par exemple, contient un jeu de variables qui spécifie sa nature exacte et fournit des caractéristiques différentes aux dimensions compactifiées qui auront des répercussions dans les dimensions visibles.

Ainsi, la théorie des cordes ne décrit pas un Univers, mais plusieurs, chacun possédant des propriétés légèrement différentes. La théorie des cordes crée donc des myriades d'Univers de toutes formes et de toutes tailles – et c'est ici que la controverse sur l'utilité de cette théorie s'engage véritablement. Le débat est simple : envisageons-nous cette multiplicité de mondes possibles comme un problème ou une opportunité ?

Un Univers pour chacun

Les détracteurs de la théorie des cordes la considèrent comme une théorie du « tout est permis » plutôt que comme une théorie du tout. Tout y est envisageable, déclarent-ils : à moins de trouver un moyen de passer au crible notre Univers parmi toutes les possibilités, la théorie des cordes ne peut réfuter aucune prédiction sur sa nature. S'agit-il alors véritablement d'une théorie scientifique ? Nombre des théoriciens des cordes rejettent catégoriquement cette critique. Selon eux, si la théorie des cordes donne tant d'Univers, c'est qu'il doit en exister autant.

Cet argument n'est pas dénué de fondement. La cosmologie moderne nous apprend que l'Univers est très probablement passé par une période d'« inflation » rapide juste après le Big Bang. Pour simplifier, l'Univers a enflé comme un ballon, sa taille s'accroissant d'un facteur 10^{30} – c'est-à-dire qu'il est devenu 1 000 milliards de milliards de milliards de fois plus grand – en seulement une fraction de milliseconde.

Les causes en sont inconnues, mais l'inflation reste la meilleure explication de certains aspects énigmatiques du cosmos. L'Univers est homogène : il semble être identique partout, un fait étrange puisque le Big Bang aurait dû le modeler différemment. Mais ce mystère peut être éclairci grâce à l'inflation : un Univers qui passe par une rapide période d'expansion tôt dans sa vie deviendrait homogène.

L'inflation est également un apport utile à la théorie des cordes. Si elle s'est produite une fois, il n'y a aucune raison pour qu'elle n'ait pas eu lieu de nouveau. Tous les morceaux d'espace-temps sont soumis aux mêmes lois; donc, en théorie, chacun d'eux peut générer un Univers-bulle qui grossirait jusqu'à se libérer et partir à la dérive. Ainsi une quantité considérable d'autres Univers émergerait de chaque Univers comme des bulles, en gonflant pour s'échapper et mener une existence indépendante. Chacun arborant des propriétés légèrement différentes. En d'autres termes, les lois de la physique seraient différentes : il pourrait y avoir un Univers sans gravité, ou un autre disposant de dix-sept types d'électrons. Dans cette perspective, l'Univers est en fait un « multivers » : un paysage d'Univers qui prendraient toutes les formes possibles. Et quelque part, parmi ces Univers, se trouve le nôtre.

Il n'existe aucune preuve expérimentale pour étayer cette idée, qui s'appuie uniquement sur un raisonnement déductif: l'inflation, quoique dénuée de tout support expérimental explicite, fournit la meilleure explication aux particularités de l'Univers, et elle peut être indéfiniment applicable. Plus déplaisant encore, il se pourrait qu'aucune preuve n'existe – du moins pas dans les conditions scientifiques de réfutabilité énoncées par le philosophe Karl Popper.

S'agit-il de science ?

L'idée standard en science est de formuler une hypothèse, puis de la vérifier par des expériences pour en tester la réfutabilité. Les hypothèses qui résistent aux tentatives de réfutation se voient confortées et peuvent éventuellement être développées en une théorie. Selon ces termes, dans la théorie des cordes, l'idée d'un paysage d'Univers ne peut pas être réfutée. Il n'y a aucun moyen de faire une prédiction sur les propriétés de notre Univers comparé à un autre ; les autres Univers ne sont tout simplement pas accessibles à nos expériences.

Il est possible, néanmoins, d'en tirer avantage. Les théoriciens des cordes attachent beaucoup d'importance au fait que l'expansion de notre Univers s'accélère, par exemple. Ce phénomène restant inexpliqué, ils se servent de ce défaut d'explication comme d'une sorte de preuve équivoque. Selon eux, l'absence d'explication pourrait démontrer que notre Univers n'est qu'une possibilité. Dans d'autres Univers, les lois de la physique maintiennent l'expansion constante, tandis que certains ont une expansion qui ralentit. La diversité est la seule loi. Que cela réduise la théorie des cordes à un objet superflu pour la science est un débat en cours parmi les physiciens. Mais il reste que, pour le moment, nous ne disposons pas de meilleurs moyens d'avancer.

Il existe d'autres tentatives visant à élaborer une théorie du tout. La plus avancée sans doute est la « gravitation quantique à boucles », ou LQG (Loop Quantum Gravity). Elle suggère que l'espace est composé de quanta indivisibles mesurant environ 10^{-35} mètre. Un réseau de liens entre ces nœuds quantiques – imaginez une carte du trafic aérien – construit l'espace-temps dans lequel nous vivons. Les particules qui s'assemblent pour générer notre monde familier d'atomes et de molécules sont produites quand les fluctuations quantiques induisent des nœuds et des enchevêtrements dans notre espace-temps.

La LQG ne constitue pas encore une réponse bien définie au problème de l'unification de la théorie quantique et de la relativité. En fait, seule une centaine de chercheurs s'y consacre dans le monde entier. La théorie des cordes, avec son effectif de plusieurs milliers de personnes, conserve donc une position dominante. Pourtant, une autre théorie en développement lui succédera peut-être un jour : la théorie M.

Ce qui se cache derrière

Curieusement, nul ne connaît précisément la signification du M. Néanmoins, quelle que soit sa véritable provenance, il a fini par être associé à « membranes ». Pour ajuster leurs systèmes, les théoriciens des cordes ont postulé que les onze dimensions de cette théorie sont peuplées de surfaces appelées *branes* (un raccourci pour membranes) et de cordes. Ces branes peuvent présenter jusqu'à neuf dimensions.

Bien que les branes enrichissent la théorie des cordes en enveloppant les dimensions compactifiées, en offrant un point d'ancrage aux cordes errantes et en autorisant l'existence de nouveaux types d'Univers, leur rôle le plus prestigieux serait d'avoir établi ce qui s'est produit – d'après la théorie des cordes – avant le Big Bang. L'idée est que notre Univers a surgi à la suite d'une collision entre deux branes à quatre dimensions. L'énorme énergie cinétique dégagée par la collision des branes aurait produit une formidable quantité de chaleur : la boule de feu du Big Bang et le zoo standard des particules connues de la physique. Ce scénario est connu sous le nom d'Univers *ekpyrotique*, du grec « embrasement ».

Mais l'Univers ekpyrotique n'a plus besoin de l'inflation parce qu'il est, dès son apparition, homogène. Ainsi, supprimer l'inflation sape l'hypothèse d'un paysage infini d'Univers variés, et nous donne la possibilité d'élaborer des hypothèses réfutables sur le fait que notre Univers est tel qu'il est. Cela dit, seule une minorité de théoriciens des cordes partage le point de vue d'un Univers ekpyrotique, et il est probable que seule une minorité de physiciens a foi en la capacité de la théorie des cordes à expliquer l'Univers. À quoi cela peut-il mener ? Est-il au moins envisageable de tester la théorie des cordes ? Cette question est également controversée. Après quatre décennies de recherches, il nous faut trouver un moyen d'expérimenter convenablement l'idée des cordes. Mais certaines possibilités existent d'ores et déjà.

Un regard dans les dimensions supplémentaires

Un grand espoir repose sur la détection d'indices révélateurs de dimensions supplémentaires cachées. Ce pourrait être, par exemple, une anomalie dans la gravitation lorsqu'on examine ses effets sur des échelles réduites. Car la gravitation suit la loi « en l'inverse du carré » : en doublant la distance entre deux objets examinés, la force qui s'exerce entre eux est divisée par quatre. En triplant la distance, la force diminue d'un facteur neuf. Toutefois, dans une minuscule dimension enroulée, cette loi en l'inverse du carré peut faillir à décrire précisément ce qui se passe. Car il n'est pas exclu que la gravitation fonctionne de manière légèrement différente entre des objets situés, par exemple, à moins d'un millimètre l'un de l'autre.

Jusque-là, aucune preuve n'a été fournie. Des tests de la loi en l'inverse du carré, réalisés à moins de six dixièmes de millimètre, n'ont indiqué aucune anomalie de ce type. Peut-être ne faut-il pas en être surpris. Les cordes sont en effet minuscules – moins d'un billionième de billionième du diamètre d'un atome. Comment serait-il possible de détecter quelque chose d'aussi infiniment petit ? On espère néanmoins que certaines d'entre elles auraient grandi avec l'expansion de l'Univers. Au moment où le cosmos s'est formé, certaines cordes cosmiques ont pu se dilater en « supercordes » qui se seraient disséminées à travers l'espace. Il serait alors possible de les détecter grâce à leurs effets sur la lumière qui nous parvient après avoir traversé l'Univers : une masse élevée de supercordes devrait courber la lumière lors de son passage, créant ainsi une illusion d'optique connue sous le nom de lentille gravitationnelle.

Enfin, on pense que dans le scénario de l'Univers standard, non ekpyrotique, l'inflation aurait créé des rides dans le champ gravitationnel de l'Univers primordial. Ces « ondes gravitationnelles » auraient été préservées dans le rayonnement de fond diffus cosmologique (CMB), l'écho du Big Bang, quoique la théorie des cordes limite l'amplitude que pourraient avoir ces ondes. Si elles étaient étendues, elles auraient déployé une partie des dimensions compactifiées, et notre espace compterait plus de trois dimensions. Aussi, les théoriciens des cordes n'espèrent pas trouver d'ondes gravitationnelles dans le CMB. Une fois encore, ce test n'est guère concluant. Et pourtant, il n'existe pas d'expérience directe qui permettrait de confirmer ou de réfuter définitivement cette théorie. L'Univers est-il composé de cordes ? La réponse définitive est *peut-être*.

POURQUOI Y A-T-IL QUELQUE CHOSE PLUTÔT QUE RIEN ?

Le Big Bang, l'antimatière et le mystère de notre existence

Est-il plus vaste question ? L'homme, la Galaxie, l'Univers, comment se fait-il que tout cela existe ? Pour le comprendre, il faut revenir à l'instant primordial – s'il s'en trouve un.

Dans bien des cultures, il n'existe aucun commencement. Les anciens Grecs, par exemple, célébraient le concept de cercle, et tout ce qui composait l'Univers, et l'Univers lui-même, se répétait en cycles infinis.

Avant le début du XXᵉ siècle, un large consensus régnait parmi les astronomes : l'Univers existait de toute éternité et cela n'avait aucun sens de se préoccuper d'un début. Ce qui, bien sûr, mettait les autorités de l'Église dans une position assez inconfortable.

Le livre de la Genèse comporte un commencement : quelque chose fut créé à partir de rien. Cela explique peut-être pourquoi un jeune prêtre belge, Georges Lemaître, décida que l'astronomie devait porter son attention sur un point de création pour l'Univers. Professeur de physique et astronome doué, Lemaître fut le premier à proposer l'idée connue ensuite sous le nom de Big Bang. Son hypothèse était que tout provient d'un « atome primitif » qui se serait divisé pour donner la matière de l'Univers. Partant des équations de la relativité générale d'Einstein qui décrivent les dimensions de l'Univers, il démontra que son rayon changeait – autrement dit que l'Univers se dilatait.

Plus qu'une pensée théorique, des preuves existaient également. Les observations astronomiques rassemblées par Lemaître et ses confrères montraient que la plupart des galaxies s'éloignent de la nôtre. Pour Lemaître, la conséquence, fascinante, était claire : les galaxies s'éloignent peut-être parce que l'espace-temps d'Einstein se dilate. L'article que Lemaître publia suggérait que notre Univers est en expansion, suite à l'explosion de ce qu'il appelait « l'œuf cosmique ».

Quelque chose à partir de rien

Le pape fut transporté par les travaux de Lemaître ; les astronomes, beaucoup moins. L'idée que le pape approuvait une théorie scientifique – que leurs données et leurs théories soutenaient donc la doctrine de la création *ex nihilo* – les mettait mal à l'aise. Mais quelques années plus tard, l'astronome Edwin Hubble propulsait le concept du début de l'Univers à l'avant-scène de la cosmologie. Il confirma les travaux de Lemaître, joignant les données de nombreux autres astronomes aux siennes. Il prouva que presque toutes les galaxies s'éloignent de nous à des vitesses prodigieuses, et que l'Univers est donc en expansion.

L'idée d'un Univers qui n'avait pas toujours été tel qu'on le voit déclencha des polémiques pendant des décennies. Il fallut attendre 1963 et la découverte du fond diffus cosmologique, appelé parfois « l'écho du Big Bang », pour que la preuve définitive soit apportée. À partir de là, presque tous les adversaires du Big Bang reconnurent que c'était, en effet, la meilleure explication de l'histoire cosmique. Si l'avènement de la cosmologie du Big Bang répondait – en partie – au « pourquoi quelque chose plutôt que rien ? », on ignorait la cause du Big Bang, et « ce qui avait explosé ».

Sur ce point, les physiciens restent partagés. Certains estiment que ces interrogations sont vaines : le temps ayant démarré avec le Big Bang, parler d'« avant » n'a pas de sens, ou revient à s'interroger sur ce qui se trouve au nord du pôle Nord. D'autres tentent d'y répondre, mais il s'agit souvent de spéculations impossibles à vérifier. Des phénomènes quantiques sont invoqués, comme le principe d'incertitude de Heisenberg, selon lequel rien ne possède une quantité d'énergie définie, ce qui inclut un Univers à énergie nulle. Les fluctuations quantiques auraient alors donné naissance à un Univers doté d'une certaine quantité d'énergie que certains processus auraient amplifiée, générant ainsi le Big Bang.

D'autres encore, notamment Stephen Hawking, considèrent que le Big Bang n'est pas le début de toute chose, mais résulte d'un processus se déroulant dans d'autres dimensions (voir « Pouvons-nous changer l'Univers d'un simple regard ? »). Allant plus loin encore, certains pensent que nous vivons dans un Univers cyclique, pris dans un cycle sans fin de création et de destruction, en raison, par exemple, des « branes », ces objets qui existent dans les autres dimensions et qui se percutent et se séparent continuellement (voir « Qu'est-ce que la théorie des cordes ? »). Un concept qui convient à ceux qui ne croient pas à une intervention divine dans la création, sans convaincre les autres. Mais ces interrogations ne relèvent sans doute plus de la science.

Au-delà des problèmes de description du Big Bang, une autre question souleva le problème que, juste après que « quelque chose » eut été créé, rien n'aurait dû subsister. Avant même qu'Edwin Hubble ait jeté les bases de la théorie du Big Bang pour expliquer notre existence, un Anglais, Paul Dirac, les bousculait complètement avec l'antimatière, sa plus grande contribution à la physique.

Où est passée toute l'antimatière ?

Dirac était un homme étrange, tranquille et guère sociable. Il passait de nombreuses heures, silencieux, à réfléchir. L'antimatière, aujourd'hui considérée comme une part essentielle du zoo des particules subatomiques, n'avait pas été proposée pour suppléer à une conclusion expérimentale en manque de théorie. Elle résultait de l'intérêt que portait Dirac à l'équation de la théorie des quanta : l'équation de Schrödinger (voir « Qu'est-il arrivé au chat de Schrödinger ? »).

En décrivant l'énergie d'une particule quantique, l'équation de Schrödinger éclaircit un problème à première vue insoluble. Elle démontre que l'énergie d'une particule se déplaçant rapidement implique deux quantités qui, multipliées entre elles, donnent 0, et 1 lorsqu'elles sont multipliées par elles-mêmes.

C'est un résultat impossible à obtenir avec les mathématiques ordinaires. Pour y parvenir, Dirac utilisa des tableaux de nombres appelés matrices et attribua à l'énergie de la particule quantique une valeur aussi bien négative que positive. Ainsi, au fil d'un raisonnement tortueux, il démontra que des particules d'énergie négative existaient. Semblables aux particules habituelles, elles seraient dotées d'étranges caractéristiques.

Lors d'une série de conférences en 1928, Dirac avança l'existence de l'antiélectron, une particule qui aurait tout de l'électron, mais avec une charge positive. Il fut raillé par les physiciens qui, à l'époque, pensaient que la matière n'était composée que d'électrons négatifs et de protons positifs (le neutron ne serait découvert que quatre ans plus tard). Sans se laisser démonter, Dirac publia sa théorie trois ans plus tard. L'antiélectron, annonça-t-il, est un nouveau genre de particule, inconnu de la physique expérimentale. Sa rencontre avec un électron produit un anéantissement explosif, et, selon Dirac, il en allait de même pour toutes les particules : chacune possède sa contrepartie d'antimatière.

L'annonce fit peu de bruit dans la communauté des physiciens, mais la prédiction avait été rendue publique. Et à l'insu de tous, la preuve avait été vue. Cinq ans avant l'annonce de Dirac, les physiciens qui étudiaient les rayons cosmiques – ces particules chargées qui, en percutant notre atmosphère, créent une cascade d'autres particules – avaient bien observé la signature d'un antiélectron, mais sans la comprendre. En traversant un champ magnétique, certaines de ces particules étaient déviées du « mauvais côté ». Considéré comme une anomalie, le phénomène fut examiné lors de rencontres scientifiques, au moment où Dirac discutait de sa théorie. Il fallut attendre 1932 pour que le rapprochement soit fait par Carl Anderson, qui découvrit l'antiélectron dans les débris de collisions de rayons cosmiques. Cette découverte majeure valut à Anderson le prix Nobel.

L'antimatière dans l'Univers

Quand l'existence de l'antimatière fut confirmée, on se demanda quelle quantité l'Univers en abritait. Était-elle partout ou bien confinée dans des galaxies d'antimatière ? Dans ce cas, y a-t-il moins d'antimatière que de matière dans l'Univers ? Cela expliquerait-il pourquoi il y a quelque chose plutôt que rien ? Pour pouvoir répondre, il fallait en connaître bien davantage sur l'antimatière. Or, comment étudier une chose qui s'annihile au contact de la matière ?

L'espace a fourni des réponses, et nous sommes aujourd'hui assez sûrs qu'il n'y a pas d'étoile d'antimatière, quoique l'on trouve des sources naturelles d'antimatière dans l'Univers. L'une d'elles, observée par le télescope INTEGRAL, est une fontaine d'électrons chargés positivement, ou positrons, qui jaillit près du centre de la Voie lactée. On trouve aussi des indices de leur présence sur la Terre. À l'instar de Carl Anderson, nous pouvons étudier l'antimatière dans les débris d'impacts des rayons cosmiques avec l'atmosphère terrestre. Mais la source est peu abondante : dans l'ensemble du Système solaire, les rayons cosmiques d'énergie élevée percutant des nuages de gaz ne produisent qu'environ 3 ou 4 tonnes d'antimatière par heure.

ANTIMATIÈRE DANS LES TRAJECTOIRES DE RAYONS COSMIQUES.

En fait, les possibilités de créer de l'antimatière sur la Terre sont encore plus faibles. Le Centre européen pour la recherche nucléaire (CERN) à Genève est notre source première d'antimatière, mais le procédé y est extrêmement rudimentaire. Les chercheurs envoient simplement des faisceaux de protons s'écraser sur un bloc de métal – du cuivre ou du tungstène. Se dégage alors un énorme nuage de particules contenant quelques antiprotons à charge négative. Quelques-uns s'échappent du nuage dans la bonne direction pour être recueillis dans un piège.

Pour 10 milliards de joules d'énergie utilisés au cours de ce processus, les chercheurs du CERN récoltent l'équivalent d'un seul joule d'antimatière. Si l'on annihilait toute l'antimatière créée à ce jour au CERN, l'énergie libérée alimenterait à peine une ampoule électrique pendant quelques minutes.

Il serait vain toutefois de vouloir stocker cette énergie pour alimenter un réseau électrique, puisque l'antimatière ne peut pas entrer en contact avec la matière ordinaire. Seul le champ électromagnétique d'un « piège de Penning » parvient à maintenir les particules loin des parois du conteneur. Par ailleurs, l'antimatière ne peut y être entreposée que quelques minutes et en faible quantité : aussitôt que la répulsion des particules excède celle produite par le champ magnétique du piège, l'antimatière s'anéantit sur les parois du conteneur.

Les pièges du CERN ne peuvent stocker que mille milliards de particules environ, ce qui est fort peu en réalité, à peu près le centième des atomes contenus dans un ballon d'enfant – que le CERN mettrait des centaines de millions d'années à produire. Le rêve d'un vaisseau spatial propulsé à l'antimatière, nous emportant vers les étoiles (voir l'encadré « La propulsion à antimatière ») devra donc attendre une meilleure source de carburant, même si la pénurie d'antimatière n'a pas empêché le CERN d'offrir des pistes sur les raisons pour lesquelles *quelque chose* a survécu au détriment de *rien*.

Perte d'équilibre

Des expériences menées au grand collisionneur électron-positron (LEP) du CERN révèlent que la densité spatiale lors du Big Bang était sans doute de 10 milliards d'antiprotons et 10 milliards et un protons par 5 m³. À présent, le même volume spatial contient un proton et aucun antiproton. À un certain moment de notre histoire, la matière et l'antimatière se sont rencontrées et annihilées, ne laissant qu'un seul proton pour 5 m³. Puis ces protons se sont rassemblés pour former l'Univers tel que nous le connaissons aujourd'hui. Mais quelle est l'origine de ce déséquilibre initial des particules ?

LA PROPULSION À ANTIMATIÈRE

Savoir comment la matière a triomphé de l'antimatière pourrait être essentiel à la survie de l'humanité. Même si notre espèce résiste à un désastre « local », comme un changement climatique galopant, un jour, nous serons confrontés à des défis bien plus grands. Dans 5 milliards d'années, par exemple, le Soleil mourant engloutira la Terre en se dilatant. Et 2 milliards d'années seulement séparent la collision de notre Galaxie avec celle d'Andromède, qui nous projettera dans un maelström d'étoiles et de planètes en collision.

Survivre à de tels scénarios impose la prospection de nouveaux lieux où s'établir. Malheureusement, le meilleur de nos aéronefs n'arriverait même pas au plus proche succédané de la Terre. L'antimatière, en revanche, pourrait nous venir en aide. La planète la plus semblable à la Terre identifiée à ce jour, Gliese 581c, est située à 20 années-lumière. Pour y parvenir en l'espace d'une vie humaine, il faudrait atteindre une vitesse d'environ la moitié de celle de la lumière – inconcevable avec nos fusées à propulsion chimique.

Notre seul espoir repose sur un nouveau mode de propulsion – assez semblable à l'énergie libérée lorsque la matière rencontre l'antimatière. Un kilo d'antimatière qui s'anéantit avec la même quantité de matière fournit environ dix milliards de fois plus d'énergie que l'explosion d'un kilo de TNT. Ce qui la rend mille fois plus efficace, en énergie par kilo, que la fission nucléaire. Les calculs de la Nasa ont permis de déduire qu'un vaisseau propulsé par 100 tonnes d'antimatière pourrait atteindre une vitesse de 100 000 km/s.

Une éventualité envisageable si l'on parvient à créer un jet d'antimatière. L'annihilation produit des particules à énergie élevée qui voyagent à des vitesses colossales. À l'aide d'un système d'aimants projetant les particules à l'arrière d'une fusée, et de la troisième loi de Newton – chaque action possède une réaction égale et opposée –, l'astronef serait expédié dans l'espace par une forte poussée. Il nous reste à trouver la façon de construire un propulseur fonctionnant à l'antimatière.

À la fin des années soixante, Andreï Sakharov, physicien et dissident russe, chercha à résoudre ce mystère. L'enquête n'est pas terminée, mais une étrange particule, le neutrino, nous a révélé l'origine du déséquilibre entre la matière et l'antimatière. Sakharov en fit la grande découverte en 1964, lorsque les physiciens remarquèrent une bizarrerie de la force faible, celle qui préside à la désintégration radioactive et nombre d'autres processus se produisant dans le noyau de l'atome. La force faible, contrairement à toutes les autres forces, n'agit pas exactement de la même manière sur la matière et l'antimatière.

Les trois quarks, qui constituent chaque proton, ont leurs propres antiparticules, les antiquarks. Or, il s'avère que la force faible agit différemment sur les quarks et les antiquarks. Cette différence de comportement révèle que les lois de la physique doivent varier subtilement entre la matière et l'antimatière, pour une raison que l'on ignore. Ainsi, les lois de conservation de l'énergie et de la quantité de mouvement, par exemple, ne peuvent pas être appliquées à la matière et à l'antimatière. Des processus naturels permettent sans doute de modifier cet équilibre.

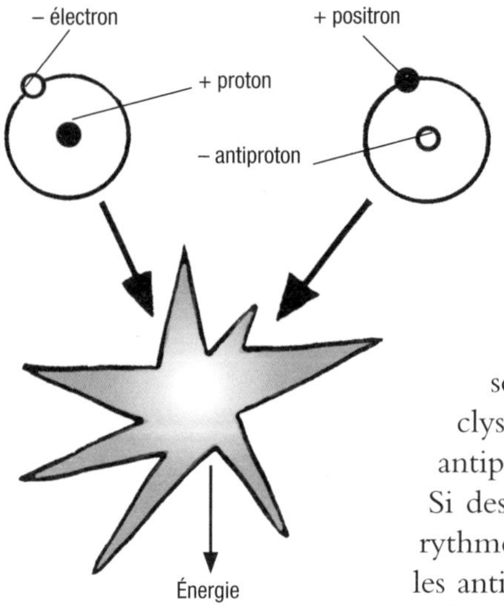

ANNIHILATION ENTRE L'HYDROGÈNE ET L'ANTIHYDROGÈNE

Quels sont-ils? Tout indique qu'ils se sont produits dans une période de cataclysme cosmique, lorsque les particules, les antiparticules et les radiations interagissaient. Si des réactions se sont produites à un certain rythme pour les particules et à un autre pour les antiparticules, on devrait observer une nette différence dans les quantités qui ont subsisté. L'Univers primordial bouillonnant est un candidat idéal pour cela, car il est resté longtemps en déséquilibre thermique, convertissant l'énergie en particules, elles-mêmes transformées en d'autres particules.

Sakharov en était resté là, mais nous savons aujourd'hui que les conditions de chaleur et de densité réunies juste après le Big Bang étaient idéales pour accueillir des particules qui ne seront jamais observées dans notre Univers vide et froid. L'une d'entre elles, appelée le « majoron », est la raison pour laquelle il y a quelque chose plutôt que rien.

L'ANNIHILATION N'EST PAS SEULE

Les recherches menées sur les phénomènes étranges qui se produisent dans l'espace peuvent nous en révéler davantage encore. La rencontre de la matière avec l'antimatière génère un rayonnement gamma. Aussi, lorsqu'en 1997, un satellite de la Nasa découvrit un flot de rayons gamma fusant d'une région proche du centre de la Galaxie, la déduction évidente fut que des nuages de matière et d'antimatière s'anéantissaient, produisant ce qu'on appelle une fontaine d'antimatière.

D'autres hypothèses existent : un trou noir émettant un jet de particules, ou des restes d'une supernova subissant une désintégration radioactive. Mais l'hypothèse la plus intéressante est qu'un tout nouveau type de chimie serait à l'œuvre – la chimie de l'antimatière.

Paul Dirac avait prédit que la matière et l'antimatière s'anéantissaient par contact, ce qui a été vérifié par de nombreuses expériences. Mais il s'agit sans doute davantage que d'une simple explosion. On a déjà observé, en effet, de l'antimatière rebondir sur de la matière. Les chercheurs du CERN ont placé des antiprotons et des positrons dans le même piège à antimatière, en les arrangeant de façon à obtenir des atomes d'antihydrogène (l'hydrogène a un électron et un proton ; l'antihydrogène a donc un positron et un antiproton). En plus de l'antihydrogène, on a vu, pendant quelques microsecondes, les antiprotons s'associer aux protons des molécules d'hydrogène sans exploser en énergie pure. L'annihilation ne serait donc pas inévitable – du moins pas immédiatement.

L'avènement du majoron

En mûrissant, la théorie suggère que le majoron ne respecte pas les lois de la symétrie qui créent un nombre égal de particules et d'antiparticules à partir d'une particule se désintégrant. En se désintégrant, il crée d'infimes particules non chargées, appelées neutrinos, qui traversent l'Univers à une vitesse proche de celle de la lumière. Il forme aussi l'antiparticule du neutrino, l'antineutrino, sans être contraint de créer un nombre égal de neutrinos et d'antineutrinos.

Durant leur existence, les neutrinos et les antineutrinos entrent en collision avec des électrons et des positrons, produisant des quarks et des antiquarks. Si les neutrinos sont en excès par rapport aux antineutrinos, davantage de quarks que d'antiquarks se formeront. Lorsque quarks et antiquarks s'anéantissent, il reste donc de la matière.

Cette explication est séduisante, mais elle n'a pas encore fait ses preuves et le majoron n'a jamais été observé directement. Des pistes indirectes pourraient être fournies par le grand collisionneur du CERN, mais les expériences ne sont pas suffisamment puissantes pour recréer les conditions du moment précédant immédiatement l'annihilation, qui permettrait d'observer le majoron à l'œuvre. Découvrir pourquoi la nature a choisi la matière plutôt que rien imposerait une remontée dans le temps, aux premiers instants de la création, seul moyen sans doute d'obtenir une réponse fiable.

VIVONS-NOUS DANS UNE SIMULATION ?

La nature humaine, les lois de la physique et la marche du progrès technologique

En 1998, personne n'aurait accordé à cette question un instant de réflexion. Un an plus tard, des millions de personnes autour du globe discutaient de son éventualité, parce qu'ils avaient vu Matrix. *Le thème central de ce film est l'asservissement de la population humaine qui, allongée dans des cuves nutritives, est maintenue en vie pour alimenter en énergie un empire de machines.*

Pour nous empêcher de réagir à cette horreur, une existence dans une réalité simulée est prodiguée via une connexion directe au cerveau. Nos expériences conscientes n'y sont rien d'autre que l'illusion d'un programme informatique.

L'idée n'est pas nouvelle. Depuis Descartes, les philosophes se sont demandé si notre conception de la réalité ne serait pas le produit d'une supercherie, et les écrivains de science-fiction s'en sont abondamment inspirés. En 1966, par exemple, Philip K. Dick publia une histoire dans laquelle les gens achetaient une « mémoire implantée » afin de vivre des expériences inédites. En 1976, la série télévisée *Doctor Who* introduisit un système informatique monstrueux nommé « Matrix », lequel pouvait déjà être connecté directement au cerveau et procurer des expériences hors du corps.

Mais en 1999, le film *Matrix* arriva à point nommé sur les écrans. Longtemps après sa sortie, les physiciens discutaient de cette idée dans des conférences scientifiques en se référant encore au film. Même si cela peut sembler étrange, l'idée que nous puissions vivre dans une réalité simulée était l'une des quelques réponses plausibles à une très ancienne question de physique qui venait de refaire surface.

En observant l'Univers, les astronomes avaient remarqué quelque chose d'étrange et trop énorme pour ne pas être divulgué : cet Univers nous est remarquablement adapté. Une légère modification – de l'une des lois de la nature, par exemple – et nous n'aurions simplement jamais existé. Un peu comme si l'Univers avait été conçu exprès pour nous. Si c'est le cas, se pourrait-il que les concepteurs soient des êtres super-intelligents ayant des raisons – peut-être liées au travail, ou bien au plaisir – de souhaiter notre existence ?

Un grand « si », bien sûr, qui porte le nom de « principe anthropique ». Une désignation quelque peu impropre car, bien qu'anthropique signifie « centré sur l'humain », il n'en est pas vraiment question. L'astrophysicien Brandon Carter, qui a forgé ce terme, désignait la vie humaine, mais aussi l'existence de vies intelligentes en général.

Carter développa son principe anthropique au moment où les physiciens affrontaient un nouveau paradigme : le Big Bang. Tant qu'il n'existait pas de consensus sur le début de l'Univers, les physiciens supposaient que son histoire ne connaissait pas d'instant « particulier ». L'Univers avait toujours existé, et existerait toujours, pratiquement tel quel.

Mais la découverte en 1963 du rayonnement de fond diffus cosmologique entraîna un bouleversement complet. Ce rayonnement fut identifié comme l'écho de l'instant de la création, puis on s'aperçut que l'Univers possédait un déroulement historique, ponctué d'événements majeurs. Le problème était que l'une des prémisses de l'astronomie était le principe de Copernic, affirmant que l'homme n'occupe pas une place privilégiée dans l'espace ni le temps. Et ce principe était menacé par le Big Bang.

Un Univers exceptionnel ?

Mais, précisa Carter, quels que soient nos préjugés, notre relation à l'Univers est exceptionnelle. « Bien que notre position ne soit pas forcément centrale, elle est, dans une certaine mesure, extrêmement privilégiée », déclara-t-il lors d'un colloque scientifique en 1974. Ce privilège est avant tout le fait des lois qui régissent l'évolution de l'Univers.

Plusieurs raisons font croire que ces lois ont été conçues pour nous offrir une existence confortable. La première est la loi, plutôt opportune, de la gravitation. Après le Big Bang, l'expansion força les particules de matière à s'éloigner toujours plus les unes des autres. Mais l'attraction gravitationnelle s'y opposait, attirant les particules toujours davantage les unes vers les autres.

Trois scénarios d'évolution de l'Univers sont envisageables. L'expansion de l'espace aurait pu excéder l'attraction gravitationnelle. Dans cet Univers « ouvert », les particules de matière s'éloignent toujours plus les unes des autres, affaiblissant d'autant la gravitation. Dans ce contexte, les galaxies – peut-être même les étoiles – ne se seraient pas formées.

Et si l'attraction gravitationnelle avait excédé la force de l'expansion ? Les étoiles et les galaxies, formées depuis peu, se seraient rapidement écrasées les unes contre les autres, provoquant, dans un énorme effondrement gravitationnel, l'implosion de l'Univers. C'est le scénario de l'Univers « fermé ».

Le troisième scénario, dit « critique », exige un équilibre délicat entre l'attraction et la répulsion. La densité de la matière de l'Univers est telle que, juste après le Big Bang, l'attraction gravitationnelle neutralise presque parfaitement l'expansion de l'espace. Elle s'exerce suffisamment sur la matière pour que les étoiles se forment et se rassemblent en galaxies. Leur attraction mutuelle suffit à ralentir l'expansion et garantit à l'Univers une vie longue et fructueuse.

Coïncidence cosmique

En quoi ces scénarios divergent-ils ? Pour leurs calculs, les astronomes partent de l'hypothèse de l'Univers critique. Ils étudient la densité de la matière présente dans l'Univers, un paramètre baptisé Oméga. Or, il s'avère que ce scénario n'a pu avoir lieu que si Oméga présentait une valeur précise, une seconde exactement après le Big Bang. Les astronomes ont fixé cette valeur à 1. Si Oméga avait été supérieur ou inférieur à 1, dans des proportions infinitésimales – de l'ordre d'un sur un million de milliards –, l'Univers se serait fermé ou aurait projeté au loin la matière avant que la vie ne puisse s'établir dans l'environnement bienveillant d'une jeune étoile comme notre Soleil.

Mais d'autres coïncidences cosmiques existent. Les étoiles, dont notre Soleil, libèrent de l'énergie avec une réelle efficacité, grâce à la fusion des atomes d'hydrogène en hélium. Une efficacité proche de 0,007, c'est-à-dire que 0,7 % de la masse atomique de l'hydrogène ne se retrouve pas dans l'hélium formé. Cette différence correspond à l'énergie – de la chaleur principalement – qui permet la vie sur Terre. Quelle est la marge de manœuvre ? Augmenter l'efficacité de la transformation signifierait permettre une cohésion légèrement plus grande entre les particules du noyau atomique. Si l'efficacité atteint plus de 0,008, tout l'hydrogène créé lors du Big Bang aurait été transformé en hélium presque instantanément, et trop peu serait resté pour permettre aux étoiles de brûler, la conséquence étant un Univers mort. A contrario, abaisser l'efficacité à 0,006 aurait tant affaibli la « colle » nucléaire que l'hélium n'aurait pu se former, empêchant le Soleil de briller. La vie, à nouveau, eût été impossible.

De même, la force électrique est à peu près 10^{40} fois supérieure à la gravitation, fournissant aux atomes leur caractéristique fondamentale. Une attraction réciproque s'exerce entre le noyau positif et les électrons en orbite, négatifs. Quant à la gravitation, elle génère une attraction réciproque beaucoup plus faible. En altérant très légèrement leur rapport, les caractéristiques des atomes changeraient tant que celles des étoiles en seraient altérées : dans une direction, on créerait un Univers ne permettant pas la formation de planètes autour des étoiles ; dans l'autre, l'existence des supernovae, à l'origine des atomes de carbone à la base du vivant, serait menacée. Il existe d'autres exemples. Si la masse du neutron était réduite d'une fraction de 1 %, par exemple, aucun atome ne pourrait se former.

Bricoler l'Univers

Tout cela ne ressemble-t-il pas à du bricolage ? Le grand astronome Fred Hoyle le pensait. Il déclara un jour que l'Univers était si favorable à la vie que cela avait tout d'une « machination ». Pour lui, quelqu'un ou quelque chose s'amusait avec les lois de la physique pour faciliter le développement de la vie.

Que peut faire le scientifique ? À part invoquer la main divine – ce qui, d'un point de vue scientifique ne mène nulle part – trois options s'offrent à lui. La première serait d'inverser le problème. Nous ne serions pas là à nous préoccuper de ces choses si l'Univers était différent. Bien sûr, son équilibre favorise parfaitement la vie. Nous ne pourrions pas vivre ailleurs. Une telle approche nous oblige à considérer l'existence d'autres Univers, où les lois de la physique engendrent des valeurs différentes. Mais ce sont des Univers morts, qui conduisent à une impasse sur le plan scientifique. N'y ayant pas accès, il faut nous contenter de n'avoir pas trouvé de réponse satisfaisante à la question de l'ajustement propice à la vie. Une deuxième approche, aussi peu satisfaisante, est d'attribuer cet ajustement à un concepteur surnaturel, qui transcenderait les lois naturelles. Là non plus, il n'existe aucun espoir de découvrir si cette approche est la bonne.

La troisième option est celle à laquelle nous essayons de parvenir : l'Univers convient si bien à notre existence parce qu'il a été conçu pour elle. Ici, les concepteurs ne sont pas des divinités. Ce sont des êtres comme nous mais pourvus d'une technologie si avancée qu'ils sont à même de créer deux choses étonnantes : d'abord, des êtres dotés de ce que nous appelons la conscience ; ensuite, un monde où ces êtres vont exercer cette conscience. C'est une conséquence logique connue sous le nom d'argument de la simulation qui fut énoncé pour la première fois par le philosophe Nick Bostrom. En 2001, il fit circuler une note intitulée « Vivez-vous dans une simulation d'ordinateur ? » Sa réponse était « oui, probablement ».

Faire renaître l'Univers

L'argument de Bostrom est assez simple. Il suffit de considérer la puissance de calcul des ordinateurs dont nous disposons à présent, de la comparer à la puissance dont nous disposions il y a dix ans, voire vingt ans, puis de la projeter dans le futur. Si notre civilisation survit au prochain millénaire, la puissance de calcul informatique de l'homme atteindra une ampleur inconcevable pour nous aujourd'hui.

Mais revenons au présent. Le type de jeu informatique le plus populaire est la simulation. En témoigne l'incroyable succès de *Second Life*, par exemple. Cette simulation offre la possibilité de vivre une existence différente – une aubaine que des millions de personnes ont saisie avidement. D'autres jeux similaires permettent de jouer le rôle d'une divinité pour contrôler les autres ou simplement les regarder vivre. Quelque part l'esprit humain aime se mêler à d'autres mondes. Et pourquoi les choses en iraient-elles autrement dans un futur lointain ?

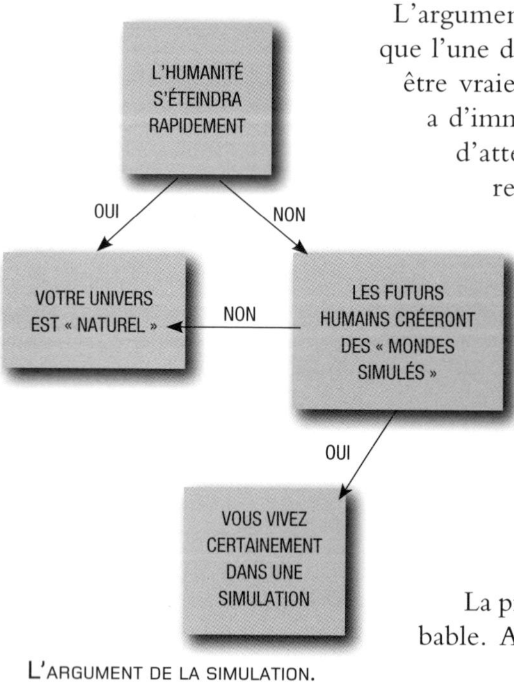

L'ARGUMENT DE LA SIMULATION.

L'argument de Bostrom repose sur le fait que l'une des trois propositions suivantes doit être vraie. La première est que l'humanité a d'immenses chances de s'éteindre avant d'atteindre le niveau technologique requis pour exécuter des simulations – réalités virtuelles – à l'échelle de notre réalité. La deuxième dit qu'une civilisation ayant survécu serait très probablement incapable de créer de telles simulations. La troisième, que nous évoluons presque certainement à l'intérieur d'une simulation informatique.

La première proposition est très improbable. Aucune raison, a priori, pour que nous nous détruisions, ou soyons détruits. La deuxième semble encore plus invraisemblable : le plaisir que nous tirons des simulations ne laisse pas présager que, dotés d'une capacité de simulation plus sophistiquée encore, nous y renoncions. Il ne reste donc plus que la troisième proposition. Dans un futur lointain, où un nombre quasi infini de civilisations, disséminées à travers l'Univers « original », feront tourner des simulations, quelles sont nos chances de vivre dans cet Univers original et non pas dans une simulation ? Infimes. En conséquence, nous vivons certainement dans une simulation.

Il n'y a pas lieu d'en être démoralisé – le monde est aussi réel qu'il l'a toujours été. Et contrairement aux idées d'un Univers régi par des dieux surnaturels, l'argument de la simulation peut être testé. Il faut reconnaître qu'il répond à la question de l'ajustement propice. Les créateurs de la simulation devraient avoir de bons motifs pour la concevoir. C'est pourquoi on peut raisonnablement penser que la plupart des simulations seront suffisamment attractives pour intéresser leurs concepteurs et leurs utilisateurs. Notre expérience des environnements simulés indique que les êtres qui y sont créés doivent être satisfaits de leur « existence », ce qui implique une marge d'interaction assez grande avec le monde simulé et ses habitants.

Une simulation vraisemblable favoriserait donc le développement d'une vie « complexe ». Comme nous l'avons vu, les lois de la nature ne laisseraient à une programmation qu'un éventail de possibilités très limité, ce qui expliquerait de manière plausible l'ajustement propice. Il faudrait maintenant tester scientifiquement cette explication, avec notre propre expérience en création de simulations.

L'informatique classique

Une règle de base en programmation est de ne jamais gaspiller de précieuses ressources informatiques. Une simulation ne fonctionnera donc pas partout de façon homogène. Elle sera assez bien construite pour procurer à ses avatars conscients un sens de la continuité dans le monde qui les entoure – mais pas plus que nécessaire. Ainsi, un examen inopiné et minutieux peut nous révéler des « vides » de programmation.

Ce qui est peut-être déjà arrivé. Les théories dont nous avons parlé présentent des incohérences manifestes pour décrire notre réalité. Le monde quantique, qui semble décrire les choses à l'échelle subatomique, par exemple, n'a aucun sens pour l'esprit humain. Il permet aux particules des existences multiples, en occupant deux positions spatiales au même moment ou en se déplaçant simultanément dans des directions opposées.

De la même façon, la relativité, qui décrit la réalité aux échelles cosmologiques, ne permet pas de décrire les conditions les plus extrêmes, comme l'intérieur d'un trou noir ou la géométrie particulière de l'instant du Big Bang. Se pourrait-il que ces limites, frustrantes, inhérentes à nos théories, reflètent les limites d'une programmation dissimulée derrière notre réalité ?

D'autres éléments vont dans ce sens. La science moderne, qui vise à « unifier » les lois de la physique, a comme objectif central d'unir la relativité et la théorie quantique. Mais personne n'est encore parvenu à les accorder. Serait-ce fondamentalement impossible ?

Pour créer des stimulations, les programmeurs emploient une méthode particulière pour coder les détails les plus fins – le mouvement des poils de la fourrure d'un ours polaire, par exemple – et une autre pour créer le fac-similé d'un paysage pastoral. Les concepteurs de notre simulation pourraient également avoir appliqué des procédés distincts pour programmer notre réalité à différentes échelles. Il ne faudrait donc pas espérer les réunir, et dans ce cas, les frustrations de la science seraient un indice sur la nature de notre existence.

Notre code génétique pourrait également servir d'indice. Notre ADN tend à faire des erreurs en se répliquant. Non corrigées, elles suffiraient à réduire la durée de vie de n'importe quelle espèce – peut-être trop courte alors pour évoluer. La version non simulée de la vie aurait rapidement été un fiasco sans les routines de correction d'erreurs, encapsulées dans nos gènes. Il en va de même avec les programmes informatiques : des routines de correction d'erreurs incorporées rectifient les faux pas juste avant que la machine ne dérape irrémédiablement. On peut donc penser que les programmeurs de la simulation ont eu recours à la même méthode.

Des physiciens sérieux ont suggéré que corriger une simulation produirait des fêlures, voire des brisures, dans les lois de la physique. Certaines choses pourraient ne pas se comporter comme prévu. De tels événements ont-ils été observés ? En fait, oui. Les astronomes ont suggéré, par exemple, que la lumière qui nous parvient des galaxies les plus éloignées montre que les lois de la physique ont souffert d'une légère altération quelque part dans le passé lointain. Cette lumière a été émise il y a 12 milliards d'années, et son interaction avec la matière durant la traversée de l'Univers présente un caractère légèrement différent de ce qu'on pourrait en attendre.

Ainsi, l'une des constantes de la physique, celle qui préside aux fins réglages de l'interaction de la lumière et de la matière, était quelque peu différente par le passé. S'agit-il d'une erreur de programmation ou d'une routine de correction d'erreur ? Mais si les conclusions scientifiques sur la variation des constantes sont, certes, solides, en déduire que nous vivons dans une simulation reste très controversé.

Aucune de ces « vérifications » n'est entièrement convaincante. L'idée de vivre dans une simulation informatique est fascinante, et offre, sous de nombreux aspects, une réponse tout à fait plausible à l'un des problèmes les plus délicats de la physique moderne. La prouver ou la réfuter reste une question ouverte. Certains philosophes ont prétendu que cela ne pourrait être confirmé que par la disparition de ceux qui propagent cette idée, mystérieusement « effacés » de la simulation, en raison de la menace qu'ils représenteraient pour la permanence de sa réussite. Bien d'autres suggestions amusantes de ce type existent, dont certaines beaucoup plus séduisantes. Maintenant que nous avons fait cette découverte, il se pourrait que nous trouvions un énorme message déchirant le ciel et portant ces mots : « Félicitations : veuillez passer au niveau 2. »

QUELLE EST LA FORCE LA PLUS PUISSANTE DE LA NATURE ?

Les liens qui tissent l'Univers et leur origine dans la superforce

C'est une question sortie tout droit d'Hollywood. Prenez deux monstres imposants, mais très différents, et confrontez-les. On obtient Alien vs Predator, *ou* King Kong vs Godzilla *; et pourquoi pas* Gravitation vs Force forte *? Ou encore* Force faible vs Électromagnétisme *? Les réponses à ces questions, on peut s'en douter, sont inaccessibles. Mais la raison qui se cache derrière est tout à fait surprenante.*

Si les soupçons des physiciens sont avérés, nous n'avons pas affaire à quatre forces, mais à une seule. Cette superforce serait aux commandes de ce que nous appelons les forces de la nature. En effet, la gravitation, l'électromagnétisme et les forces nucléaires forte et faible (voir figure p. 196 « Comment la superforce s'est divisée ») pourraient avoir été unifiées dans le passé.

Dans la préface de son célèbre ouvrage *Philosophiae Naturalis Principia Mathematica*, Newton avançait que tous les phénomènes de la nature « dépendent de certaines forces par lesquelles les particules, pour des raisons encore ignorées, sont poussées les unes vers les autres pour s'agglutiner dans des formes régulières, soit se repoussent pour s'éloigner les unes des autres ». Autrement dit, les forces de la nature seraient au cœur de la physique.

Cette conception était radicalement nouvelle. Les anciens Grecs supposaient l'existence d'une « cause première », une cause suprême présidant également à la justice et la morale, qu'ils honoraient. Leur méthode scientifique n'était pas dédiée aux mécanismes purement physiques des phénomènes naturels, mais se déployait aussi dans des dimensions éthiques. Aujourd'hui, nous savons que les forces de la physique s'appliquent à tous mais n'ont pas de valeur en termes de morale.

Toutes les forces n'ont pas une action aussi générale. La force électromagnétique, par exemple, n'agit qu'entre des particules chargées électriquement. La force forte n'a qu'un faible rayon d'action et seulement entre les particules du noyau. Pourquoi alors leur attribuer une origine commune ? Pour y répondre, examinons tout d'abord nos conceptions sur la gravitation – et leurs limites.

La gravitation apprivoisée

Considérée comme l'une des forces les plus faibles, la gravitation fut la première à être domptée. Newton initia le processus avec ses lois universelles de la gravitation et un principe décrivant l'interaction des corps dotés d'une masse. Dans son schéma, l'attraction gravitationnelle rendait compte avec une étonnante précision du mouvement des planètes. Mais sa conception n'allait pas assez loin pour deux raisons : d'abord, il s'agissait d'une description et non d'une explication ; ensuite, elle ne décrivait pas tous les aspects de la gravitation dans l'Univers, certains phénomènes défiant, en effet, toute logique.

La précession du périhélie de Mercure en est sans doute l'exemple le plus fameux. Le périhélie est le point d'une orbite elliptique le plus proche du Soleil. Celui de la planète Mercure se décale au cours de ses révolutions successives. Cette précession est due à l'attraction gravitationnelle exercée par les autres planètes du Système solaire. En 1845, l'astronome Urbain Le Verrier utilisa donc les lois de Newton pour calculer sa valeur. Or, ses calculs présentaient une erreur de 43 secondes d'arc par siècle par rapport à la précession observée. Les calculs n'étaient décalés que de 1/100 de degré par siècle, mais néanmoins erronés.

Fort heureusement, la théorie de la relativité générale d'Einstein a fourni la correction attendue. La relativité décrit les champs gravitationnels comme une courbure de l'espace-temps, résultant de l'influence de la masse et de l'énergie sur la trame de l'Univers. Cette théorie, étonnamment brillante, n'a jamais failli devant un test expérimental. Malgré tous les grands succès de la relativité à décrire l'Univers, une véritable explication sur le comment et le pourquoi de la gravitation reste élusive. Et aussi longtemps que nous n'y parviendrons pas, nous ne pourrons être certains que la gravitation soit si faible – en regard, surtout, d'une autre force qui, elle, a livré ses secrets à la science.

Chargé et c'est prêt

L'électromagnétisme est beaucoup plus puissant que la gravitation. Prenez deux électrons : la répulsion électromagnétique entre les deux est 10^{43} fois supérieure à leur attraction gravitationnelle réciproque. Mais cette force relative pourrait n'être qu'une illusion. La clé est que l'électromagnétisme est issu de l'union de deux théories, l'électricité et le magnétisme.

Vers 1840, le physicien anglais Michael Faraday adopta le concept de champ afin d'expliquer l'alignement de la limaille de fer lorsqu'elle est dispersée autour d'un aimant. D'après lui, ces « lignes de force » étaient associées à certaines propriétés physiques de l'espace entourant l'aimant. Il fit rapidement le lien avec l'électricité et découvrit aussi qu'un champ magnétique variable crée un champ électrique.

Mais les choses commencèrent à se compliquer lorsque l'ami de Faraday, James Clerk Maxwell, tenta de relier ces découvertes aux équations qui les décrivent. Il ne suffisait pas, en effet, qu'un champ magnétique variable génère un champ électrique. L'inverse devait être également vrai, et selon Maxwell, un champ électrique variable devait produire un champ magnétique.

Les nouvelles équations de Maxwell aboutirent à deux superbes résultats. Elles montrèrent d'abord que l'électricité et le magnétisme sont les deux faces d'une même pièce. Ensuite, elles permirent de découvrir la source du rayonnement électromagnétique. En observant un champ magnétique variable créant un champ électrique qui, à son tour, générait un champ magnétique, et ainsi de suite à l'infini, et comme la vitesse de propagation de cette perturbation correspondait à la vitesse de la lumière, Maxwell conclut que cette dernière était une onde électromagnétique.

Cette découverte, capitale, ouvrit la voie à celle du spectre électromagnétique entier, des rayons gamma aux ondes radio. Elle montrait comment l'énergie est transférée d'un point de l'espace à un autre, bannissant l'idée d'interactions fantomatiques sans support physique. Par-dessus tout, elle posait les premiers jalons d'une révolution quasi instantanée. Les équations de Maxwell, qui ne fonctionnaient pas si la source du rayonnement se déplace par rapport à l'observateur, encouragèrent Einstein, dès 1905, à résoudre cette anomalie à l'aide de la relativité restreinte (voir « Qu'est-ce que le temps ? »). L'unification de l'électricité et du magnétisme ne fut qu'un début. Aujourd'hui, nous savons qu'une autre force de la nature a la même origine.

Le talon d'Achille d'Einstein

Einstein était très absorbé par le concept d'unification. Après le succès de la relativité, il tenta de construire une « théorie des champs unifiés » en vue d'exclure l'électromagnétisme de la géométrie de l'espace-temps, comme il l'avait fait avec la gravitation. Einstein – et certains de ses disciples – ignora donc les développements de la théorie quantique, qu'il n'avait jamais appréciée et dont il espérait la disparition.

En vain, puisque les travaux de cette nouvelle théorie et le rapide développement de la physique des particules après la guerre mirent au jour deux nouvelles forces : les forces nucléaires forte et faible. Ici encore, Einstein ne manifesta pas d'intérêt, leur préférant l'électromagnétisme et la gravitation. À sa mort, en 1955, la physique avait progressé sans lui.

On sait aujourd'hui que la force nucléaire faible – qui opère entre les particules du noyau (le neutron et le proton) et dont la portée, de 10^{-17} m, est extrêmement réduite – est étroitement liée à la force électromagnétique. Un fait connu grâce à la force faible, responsable du rayonnement bêta (un atome émet un électron ou son équivalent chargé positivement, un positron). L'émission bêta d'un électron exige qu'un neutron se change en proton, ce qui ne peut se produire que si un boson W, particule source de la force faible, est d'abord émis : c'est lui qui, en se désintégrant, donnera un électron.

La relation fut évidente dès que l'on découvrit que la force faible et la force électromagnétique résultent d'un même processus, appelé « brisure spontanée de symétrie ». C'est à peu près ce qui se produit quand vous réunissez des personnes qui ne se connaissent pas dans une salle. En discutant, certains se trouveront des centres d'intérêt dans un domaine, les autres dans un autre, et, si on leur en laisse le temps, ils se constitueront en groupes distincts s'entretenant de sujets différents. Initialement, il y avait « symétrie » : rien ne distinguait un inconnu d'un autre, et rien ne permettait de les regrouper. Mais en parlant, cette symétrie s'est spontanément brisée, et des groupes se sont formés.

Dans les années soixante, Steven Weinberg, Sheldon Glashow et Abdus Salaam démontrèrent que le même procédé de brisure spontanée de symétrie engendre l'électromagnétisme et les forces faibles grâce à une autre force. Ils la nommèrent « force électrofaible », présumant qu'elle n'aurait existé sous sa forme non brisée que dans des conditions d'énergie très élevée, au tout début de l'Univers. Ces travaux furent un véritable coup de maître qui valut au trio le prix Nobel de physique en 1979. Les prédictions théoriques prévoyaient, par exemple, l'existence des bosons W et Z, qui furent découverts en 1983 avec toutes les caractéristiques prévues.

Cette avancée suggérait que des forces qui semblent distinctes pourraient bien ne pas l'être tant que cela, même si la force faible agit à très courte distance et sur des neutrons non chargés, alors que la force électromagnétique agit à des distances fabuleuses et sur des particules chargées. En fait, non seulement nous ne pouvons pas nous prononcer sur la force la plus puissante, mais nous voilà confrontés à une question incongrue.

Si les forces électromagnétique et faible n'en formaient autrefois qu'une seule, pourquoi la brisure spontanée de symétrie ne serait-elle pas à l'origine de toutes les forces de la nature? On ne peut se prononcer sur la force la plus puissante, peut-être parce qu'elles sont toutes les manifestations d'une superforce unique et ancienne. Pour le découvrir, un dernier élément est à considérer: la force nucléaire forte.

La liaison nucléaire

À partir du moment où la force faible doit exister pour expliquer la désintégration bêta, la répulsion mutuelle entre les protons du noyau rend nécessaire la force forte, sans laquelle le noyau ne pourrait se maintenir. « Forte » est un nom approprié pour une force pourvue en général d'une puissance cent fois plus élevée que la force électromagnétique, et capable de briser le noyau. Mesurer la puissance de la force forte fut un jeu d'enfant. En expliquer l'existence se révéla plus ardu. Il ne suffit pas de savoir que cette force gargantuesque est la seule manière de maintenir la cohésion du noyau. Quelle est son origine ?

Au début des années 1970, des réflexions furent menées sur la force forte. On savait que les quarks forment les protons et les neutrons du noyau. Chaque quark possède une caractéristique que les physiciens nomment « couleur », d'où le nom de chromodynamique quantique (QCD), une théorie qui fait le lien entre la force forte et les quarks. Selon la QCD, la force forte lie les quarks entre eux par une interaction qui, contrairement aux forces électromagnétique et gravitationnelle, ne faiblit pas avec la distance. La force augmente, alors que les quarks s'éloignent les uns des autres, comme s'ils étaient liés par un ressort.

Cette propriété particulière, révélée par les équations de la QCD, permet à la force forte de lier les quarks où qu'ils se trouvent. La nature de cette force se vérifie par le fait qu'en dépit de nombreuses recherches, jamais on n'a trouvé de quark errant isolé. La QCD affirme que la force forte est créée par un boson connu sous le nom de « gluon », qui a été vu pour la première fois en 1979 au cours d'expériences. À cette date-là, la théorie avait déjà des bases solides et, lorsqu'à la fin des années soixante et début soixante-dix, on commença à voir des quarks dans des accélérateurs de particules, au complet et avec leurs caractéristiques prédites, la QCD fut considérée comme une théorie validée.

Ce qui passionnait les physiciens était que la QCD était construite sur la même idée de symétrie brisée que la force électrofaible. Comme la possibilité qu'elles soient étroitement liées était forte, elles furent réunies sous une même description du comportement de la matière : la « théorie de grande unification » (GUT). Mais c'est ici que le bât blesse, car après trois décennies de recherches, nous ne sommes toujours pas sûrs que la force forte et la force électrofaible aient la même origine.

La lutte pour l'unification

Mais l'unification est loin d'être aisée. Elle requiert une autre symétrie, comme celle des inconnus rassemblés dans une même salle – mais cette fois en nombre plus important. Quelque part, ce groupe d'inconnus non différenciables devrait se disperser en cinq types distincts de particules – les trois quarks colorés différemment, l'électron et son neutrino associé – et trois forces.

L'unification est quasi impossible à recréer sur la Terre, sachant que pour atteindre l'énergie de cette symétrie brisée, il faudrait disposer d'un accélérateur de particules 100 milliards de fois plus puissant que le grand collisionneur de hadrons (LHC), le plus grand désintégrateur d'atomes. D'autres moyens de tester ce modèle existent. Selon la théorie de grande unification, le quark serait capable de se convertir en électron et neutrino, et pour les physiciens, ce candidat idéal (connu sous le nom de SU(5), en raison des cinq particules qui en sont issues) a justement un tel processus « dans son sac ». Il conduit le proton dans une sorte de désintégration radioactive, et la fréquence de l'événement pourrait être prédite.

Cela ne s'est malheureusement pas avéré. La théorie énonce que la durée de vie approximative d'un proton avant désintégration est de 10^{33} ans. Il y a un quart de siècle environ, des physiciens ont construit d'énormes citernes d'eau très pure entourées de détecteurs censés enregistrer de tels événements. À l'aide de la théorie et de la quantité de protons contenus dans leurs réservoirs, ils s'attendaient à enregistrer plusieurs désintégrations par an. Pourtant, à ce jour, rien n'a été observé. La dernière possibilité – et celle-ci peut être testée dans le LHC – est la « supersymétrie ».

L'appel de SUSY

La supersymétrie découle du fait que les physiciens divisent les particules en deux camps : les fermions, comme l'électron et les quarks, qui forment la matière ; et les bosons, tels que le photon et le gluon, qui génèrent les forces. Ces deux types de particules sont gouvernés par deux séries de lois différentes. Et selon la supersymétrie, ou SUSY, elles possèdent toutes, dans l'autre camp, un « superpartenaire » qui se comportera toujours de la même façon quelle que soit l'expérience.

Un phénomène rendu possible par la différence fondamentale entre les fermions et les bosons qui repose sur la propriété quantique appelée spin. Les bosons ont un spin entier (1, 2, 3, etc.), tandis que les fermions ont un spin demi-entier (1/2, 3/2, etc.). SUSY oblige à une sorte de changement de perspective, comme lorsqu'on regarde une horloge de face puis de dos. Ce déplacement du point de vue altère le spin quantique (exactement comme le sens de rotation de l'aiguille de l'horloge sera différent si on la regarde de dos), mais pas les autres qualités, comme la charge électrique ou la couleur des quarks.

Cela peut ressembler à une plaisante fiction, et pourtant il s'agit d'un raisonnement très respectable qui fait partie des plus grandes idées de la physique. La question brûlante, bien sûr, est de savoir s'il est vérifiable. En dehors des spins, une autre propriété des particules superpartenaires est modifiée : leur masse. Bien plus lourdes que les particules qui nous sont familières, elles ne peuvent donc exister, selon $E = mc^2$, qu'à des énergies élevées. L'énergie de collision du LHC, avec ses 14 TeV, devrait suffire, heureusement, à voir la plus légère d'entre elles, qui devrait entrer en jeu vers 1 TeV.

Les perspectives semblent prometteuses, mais ces particules restent difficiles à détecter. Interagissant à peine avec la matière normale, elles se dissiperont hors de la machine presque sans laisser de trace. Et la seule indication de supersymétrie se réduirait alors à un soupçon d'énergie absent des détecteurs du LHC. Et si, d'après certaines théories, des particules normales disparaissent dans d'autres dimensions « cachées » de la réalité, la recette n'offre plus grand intérêt.

COMMENT LA SUPERFORCE S'EST DIVISÉE.

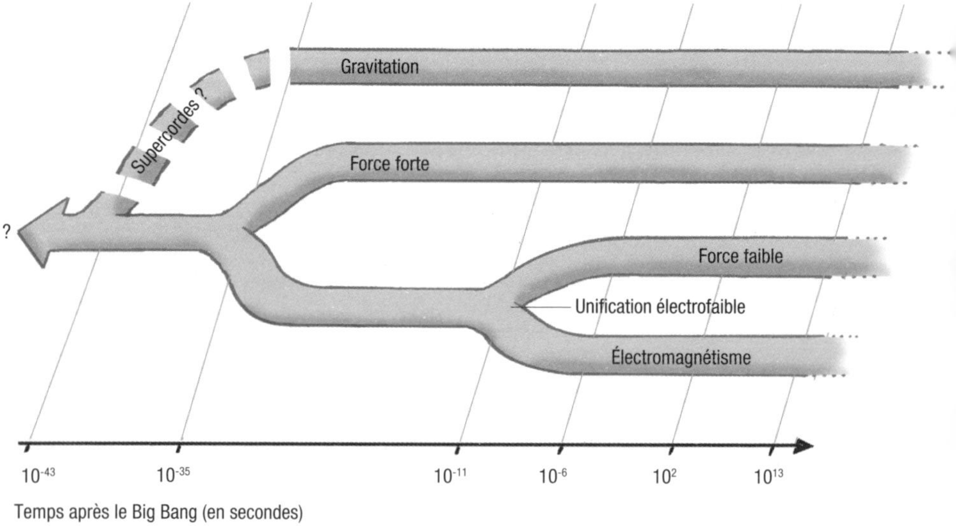

Si nous arrivons à détecter de manière indéniable des particules supersymétriques, la théorie de grande unification des forces de la nature sera validée. On pourra ainsi raisonnablement présumer que les forces forte, faible et électromagnétique ont une source commune, une cause première, comme la nommaient les Grecs. Un point, malgré tout, demeure obscur. Qu'en est-il de la gravitation ? Fait-elle partie de l'unification, ou est-ce une entité séparée ? S'il n'existe par une force plus puissante que les autres, peut-on dire que la gravitation est la plus faible ?

La gravitation est certes une force faible. Il est difficile de la placer sur le schéma SUSY, où les énergies s'unissent (ou sont présumées s'unir), à moins de dessiner un graphique plus grand que l'Univers connu. Là où les autres forces divergent d'un facteur 100 environ, la gravitation n'est tout simplement pas à l'échelle. Mais il existe une issue. Pour résumer, la solution, excessivement technique, considère que l'interaction gravitationnelle dépend de la masse, elle-même proportionnelle à l'énergie. Sur le schéma SUSY, en utilisant comme paramètre les conditions d'énergie élevée de l'unification, la gravitation apparaît à une échelle plus satisfaisante – presque, mais pas complètement, là où s'unissent les autres forces.

La réponse n'est pas pleinement convaincante, mais elle suggère que la gravitation et les autres forces de la nature découleraient d'une force première. Cette superforce n'aurait existé que dans les premiers instants suivant la formation de l'Univers. Ainsi, s'interroger sur la force la plus puissante équivaut à se demander quelle particule ressemble davantage à une particule. Elles sont toutes une facette d'une même caractéristique. La gravitation et l'électromagnétisme proviennent du même camp, les opposer est donc vain.

LE CINQUIÈME ÉLÉMENT

Pour les Grecs anciens, le monde était formé de quatre éléments : la terre, le feu, l'eau et l'air. Ils conjecturaient également l'existence d'un cinquième composant, qu'ils nommaient « quintessence ». Ils lui attribuaient une pureté métaphysique – c'était, en somme, un élément plus « élémentaire » – mais ne l'ont jamais décrite. Aujourd'hui, les physiciens sont dans une situation similaire.

La lumière observable en provenance de supernovae éloignées suggère que l'expansion de l'Univers s'accélère, une certaine force inconnue – appelée énergie sombre – opérant à des échelles cosmologiques. Pour les physiciens, l'énergie sombre pourrait provenir des fluctuations de l'énergie du « vide » de l'espace. Mais lorsqu'ils achevèrent leurs calculs, l'accélération de l'expansion affichait une valeur 10 120 fois trop élevée.

Ce résultat fut considéré comme le plus embarrassant de l'histoire de la physique. L'une des explications proposées est que l'accélération serait le fruit d'une force, encore inconnue, qui agirait à travers le vide. Et même si les physiciens n'ont guère d'indices sur l'origine de cette force, ils l'ont néanmoins baptisée « quintessence ».

QUELLE EST LA VÉRITABLE NATURE DE LA RÉALITÉ ?

Au-delà du monde quantique s'étend le royaume de l'information

La physique, pour finir, répond à cette dernière question, dans la mesure du possible. Élaborer une grande théorie d'unification des forces est parfait, et partir à la conquête de la gravitation quantique, cette théorie qui unifie la science de l'infiniment petit et de l'infiniment grand, est aussi passionnant qu'utile. Mais ces théories ne répondront pas à cette question fondamentale : de quoi est faite la réalité ?

On pourrait prétendre que cette quête est hors de portée de la science. Pourtant, c'est la nature même de la physique de trouver des réponses à des questions en apparence « impossibles ». L'histoire de la physique est parsemée de quêtes « impossibles » qui se sont révélées tout à fait réalisables. On oublie vite combien l'innovante pensée d'Archimède a époustouflé le monde antique. Qu'il ait ou non découvert si la couronne du roi était en or pur, sa réputation scientifique était suffisante pour que les Romains l'honorent d'une protection à vie. De même, la description du fonctionnement de la gravitation par Newton paraît aujourd'hui évidente, mais ce fut un véritable tour de force pour l'époque.

Saint Augustin associait le magnétisme à un miracle, mais à présent, nous connaissons les processus microscopiques à l'œuvre dans toute la gamme des phénomènes électromagnétiques. La physique du passé paraît assez prosaïque ; d'ailleurs, les notions sont si simples, qu'enfant, nous en avons appris une foule. Ennuiera-t-on de même les écoliers de demain avec des cours sur la nature fondamentale de la réalité ?

Un royaume parfait

Depuis l'Antiquité au moins, l'homme explore la nature de la réalité, et c'est à cette époque que notre propre quête débutera. Les Grecs avaient plusieurs écoles de pensée sur cette question. Le plus influent, Platon, croyait en l'existence d'un royaume d'abstractions parfaites des entités physiques. Tout, dans le monde matériel, tirait son existence de ces « formes idéales », et chaque chose n'était que l'ombre de cet objet idéal.

> *« Donnons à la terre la forme cubique ; car des quatre la terre est la plus difficile à mouvoir et le plus tenace des corps, et ces qualités-là sont celles que doit particulièrement posséder le corps qui a les bases les plus stables. »*
>
> PLATON

Ce royaume, accessible uniquement par un entraînement mental, ne contenait pas que des objets physiques, comme les arbres ou les montagnes. Il abritait aussi les idées mathématiques : Platon imaginait une réalité mathématique idéale, habitée par des formes solides idéales. Ces cinq formes géométriques reliaient les mathématiques et le monde physique. Dans son dialogue *Timée*, par exemple, Platon suit cette logique en associant le cube à la terre, le tétraèdre au feu, l'icosaèdre à l'eau, l'octaèdre à l'air, et le dodécaèdre à un mystérieux « cinquième élément », ou quintessence.

Malgré son langage quelque peu mystique, on ne peut renier la notion des royaumes d'idéaux. Tous les outils de la physique moderne, déployés dans cette quête de la nature suprême de la réalité, ont pour origine les mathématiques – et les mathématiciens sont toujours indécis sur la question de savoir si leur science est une invention de l'esprit ou un monde abstrait où ils s'aventurent pour faire des découvertes.

Pour le mathématicien Roger Penrose, si nous souhaitons comprendre ce qu'est la réalité, il nous faut affronter ce problème fondamental. Notre meilleure description de la réalité pourrait, selon lui, faire bon usage d'une sorte de trinité : la réalité physique est perceptible au moyen de la « réalité mentale » – ou conscience – que construit notre cerveau, et ne peut être décrite que si nous croyons nos équations et lois de la physique provenir d'une « réalité mathématique » qui existe parallèlement à notre monde physique.

Dans une version philosophique du jeu pierre-feuille-ciseau, Penrose établit une dépendance cyclique entre ces trois réalités. Seules les équations mathématiques permettent de décrire les particules physiques fondamentales, comme l'électron ; ainsi, la réalité mathématique « coupe à l'atout » la réalité physique. En revanche, la réalité physique des neurones du cerveau fait naître la réalité mentale. Et les mathématiques étant abstraites, la réalité mentale crée la réalité mathématique. Les mathématiques « coupent à l'atout » la physique, la physique fait de même avec le mental, et le mental « coupe » les mathématiques.

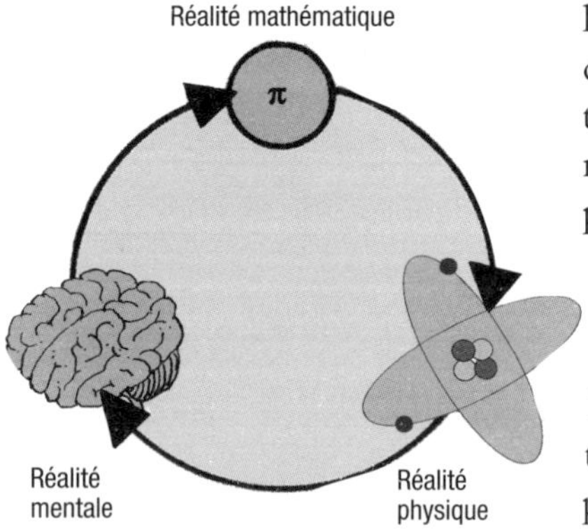

La trinité de la réalité.

Une nouvelle réalité

Par-delà ces trois réalités, il existe un royaume plus abstrait encore : celui de l'information. Présente dans notre esprit, elle peut être manipulée mathématiquement et s'associe toujours à des objets physiques : l'information ne saurait exister hors des choses – une tache d'encre sur du papier, l'ADN, un photon de lumière – qui la supportent. Ainsi, Rolf Landauer, chercheur chez IBM, affirma que « l'information est physique », une assertion qui, aujourd'hui encore, reste troublante.

> *« L'information est physique. »*
>
> ROLF LANDAUER

Pour Landauer, l'information n'est pas un quelconque concept abstrait, un abrégé commode destiné à la communication. Où qu'elle soit, l'information est inextricablement liée à des systèmes physiques. Dans les molécules des brins d'ADN, elle garantit la propagation de la vie et son évolution. Encodée sur les condensateurs de circuits électriques, elle permet de construire les mémoires et processeurs de nos ordinateurs. Inscrite dans l'état quantique d'un photon de lumière, elle assure la transmission des communications téléphoniques par fibres optiques. L'information, où qu'elle soit, revêt une forme physique.

Cette idée, connue sous le nom de « principe de Landauer », a révolutionné la façon de penser l'information. Si l'information est physique, se peut-il que toute chose physique soit, en fait, exclusivement de l'information ? Trois bonnes raisons au moins nous permettent de le croire. La première est que l'information est reliée d'une manière fort étrange aux lois qui régissent notre Univers.

La vitesse de l'information

Notre perception la plus aboutie du cosmos, tirée de la relativité restreinte, est que la vitesse de la lumière est une limite indépassable (voir « Qu'est-ce que le temps ? »), qui a permis de rendre compte d'innombrables phénomènes astronomiques. Pourtant, cette limite pourrait être une simple conséquence de la limite de la vitesse de l'information. La théorie de la relativité découlerait-elle, en définitive, de la théorie de l'information ?

La théorie de l'information a été développée dans les années 1940 par Claude Shannon, mathématicien et ingénieur des laboratoires Bell. L'idée phare de ses travaux était d'augmenter la vitesse de transmission de l'information par câbles téléphoniques et circuits électriques. Il optimisa la technique en « compressant » l'information, mais il se heurta à des limites fondamentales. Shannon constata qu'un canal de communication présente une capacité – et aussi une efficacité – maximale permettant de transmettre l'information sans perte.

L'information est mesurée à l'aide du « bit », ou nombre binaire. Les ordinateurs, par exemple, tournent sur un système binaire : chaque instruction est encodée par une série de 0 et de 1. Et même si elle est mémorisable par plus de deux choix – l'ADN utilise quatre molécules appelées « bases azotées », par exemple –, l'information peut toujours être transcrite par un système binaire. Le système à deux choix de bits est le moyen le plus simple, le plus pertinent, pour mémoriser et transmettre de l'information.

La « largeur de bande » du canal d'information est aussi un facteur important. Qu'il s'agisse de la connexion internet, ou entre la mémoire et le processeur de l'ordinateur, la largeur de bande mesure le nombre de bits passant par seconde. N'importe quel canal d'information présente une certaine quantité de bruit, source d'erreurs lors de la transmission. Par exemple, lorsqu'un signal radio est envoyé par la Nasa à travers l'atmosphère, il peut subir des distorsions dues aux conditions atmosphériques, transformant un 0 en 1, ou vice versa.

Shannon découvrit un ratio spécifique, signal/bruit et largeur de bande, qui fournit la limite supérieure de rapidité de transmission, sans aucune perte d'information. Les tout derniers téléphones mobiles et les systèmes de télévision par satellite se situent à 1 % de la « limite de Shannon », qu'ils ne peuvent ni atteindre ni franchir. Comme pour la vitesse de la lumière dans la relativité : plus la limite fondamentale se rapproche et plus il est difficile de faire mieux.

Pourquoi l'information se comporterait-elle comme la vitesse de la lumière ? Serait-ce parce qu'à l'instar de la lumière, elle est liée à la réalité sous-jacente de la physique ? C'est sûrement ce que pense un nombre croissant de chercheurs – en particulier ceux qui étudient les trous noirs.

Où est passée l'information ?

Les trous noirs sont la deuxième raison de croire que l'information serait une réponse à la question sur la nature de la réalité. Rien de ce qui tombe dans la région sphérique entourant un trou noir, appelée « horizon des événements », n'en ressort jamais. Les trous noirs sont donc des puits, où s'engouffre l'information. Tout ce qu'ils absorbent contient de l'information encodée, sous forme d'états atomiques, de spins de particules, etc. Qu'advient-il de cette information ?

Dans les années 1970, Stephen Hawking démontra que les trous noirs s'évaporent lentement, émettant des « radiations de Hawking » dénuées d'information. Selon les lois de la physique, l'information, comme l'énergie, ne peut être détruite. Elle doit donc se trouver quelque part. Après des décennies de débats, les physiciens pensent aujourd'hui qu'elle est encodée dans les structures microscopiques de l'espace et du temps, à l'horizon des événements des trous noirs, lieu de non-retour pour la matière et la lumière qui s'y hasarderaient.

L'horizon des événements étant une structure bidimensionnelle – la surface d'une sphère entourant le trou noir –, l'information qui décrit des objets tridimensionnels comme les atomes serait ainsi encodée sur une surface 2D. En extrapolant, certains chercheurs ont démontré que l'Univers entier pouvait être observé de cette manière. La limite de notre Univers est, principalement, la surface 2D d'une sphère. L'information dans la sphère pourrait se trouver sur la surface 2D qui l'entoure. Comme l'hologramme qui apparaît en 3D, mais résulte d'une projection de lumière soigneusement agencée sur une surface 2D, notre réalité en 3D pourrait fort bien être un hologramme projeté d'informations contenues aux marges de l'Univers. Autrement dit, notre monde physique provient de l'information.

Des bribes d'expériences confortent même cette idée. En 2008, le physicien des particules américain Craig Hogan testa l'idée de la projection holographique. Il s'aperçut que les limites de l'Univers ne pouvaient contenir des informations qu'en quantité limitée, et que si l'information était projetée dans l'espace 3D de l'Univers, cette limite produirait une sorte d'effet de pixellisation dans la réalité physique, et nous pourrions voir des points. Ainsi, selon Hogan, si l'on pouvait observer l'espace et le temps à des échelles suffisamment petites, leur aspect serait granuleux.

À ces échelles, seuls nos instruments les plus sensibles seraient adaptés : les détecteurs d'ondes gravitationnelles qui recherchent les ondulations de l'espace et du temps, engendrées par des événements cosmologiques violents, comme la collision entre deux trous noirs. Hogan envoya ses résultats sur la façon dont la granularité de l'espace-temps pouvait affecter leurs instruments aux scientifiques de GEO600, un détecteur d'ondes gravitationnelles situé à Hanovre, en Allemagne.

Ces chercheurs rencontrent en effet des problèmes de bruit dans leurs détecteurs. Et ce bruit a exactement les mêmes caractéristiques que le signal prédit par Hogan. Sans être une preuve en soi, il indique que le « principe holographique » – que tout est, en définitive, composé d'informations situées aux marges de l'Univers – est, pour le moins, à prendre au sérieux.

Information quantique

La troisième bonne raison de considérer l'information comme un élément clé vient de la théorie quantique, notre meilleur outil pour décrire le comportement des choses aux échelles subatomiques. Son succès est étonnant et les expériences ont toutes validé ses prédictions. Mais elle ne permet pas de saisir la nature de la réalité. Si elle décrit ce qui se passe dans des systèmes subatomiques, en revanche, elle ne dit pas pourquoi ils se comportent comme ils le font (voir « Qu'est-il arrivé au chat de Schrödinger ? »), laissant le champ libre aux philosophes pour s'épancher sur l'absence de réalité objective et les limites de la science expérimentale.

Plus d'une demi-douzaine d'interprétations philosophiques existent sur les limites de l'approche de la théorie quantique. On ne saurait en choisir une, parce que toutes sont cohérentes en regard des expériences. Mais on peut regarder ce qui se trouve derrière la théorie quantique – et on y découvre l'information. Un lien manifeste relie la théorie quantique à cette dernière : qu'il s'agisse de bits ou de quanta, la théorie de l'information et la théorie quantique reposent sur une quantité fondamentale indivisible. Un autre rapport, plus subtil, est que l'étrangeté du monde quantique serait produite par les quantités d'information limitées que transporte une particule quantique.

Le principe d'incertitude de Heisenberg pose, en effet, que si l'on connaît certaines choses d'un système quantique avec une précision extrême, d'autres, au contraire, ne sont pas du tout accessibles à notre connaissance (voir « Tout est-il finalement aléatoire ? »). Heisenberg avait déduit son principe de la théorie quantique et, pour le moment, nous devons accepter le fait que « c'est ainsi ». Même si certaines facettes de la théorie de l'information peuvent apporter une explication malgré tout satisfaisante.

Une particule quantique comme l'électron a une propriété appelée spin, qui est binaire (haut ou bas) et mesurable dans les trois dimensions spatiales. Si un spin d'électron ne peut porter qu'un bit d'information, la première mesure de cet électron utilise ce bit « haut » ; et plus aucune information n'est disponible pour des mesures dans les autres dimensions. Le résultat de toute autre mesure ultérieure sera aléatoire – exactement ce que prédit le principe d'incertitude de Heisenberg.

La théorie de l'information pourrait, néanmoins, apporter une certaine cohérence au curieux phénomène de l'intrication quantique, qui crée des liens « étranges » entre deux particules. L'intrication a, très vraisemblablement, un lien avec le transport et le partage d'information. Pour résumer, elle impose que, après l'interaction de deux particules, l'état quantique de chaque particule – la description complète de sa position, son moment, son spin, etc. – ne se trouve plus dans cette particule, mais soit partagé par les deux.

L'étrangeté de l'intrication est que les particules peuvent être placées dans un état quantique « indéterminé ». Au même titre que le chat de Schrödinger est vivant *et* mort avant d'être observé (voir « Qu'est-il arrivé au chat de Schrödinger ? »), les spins de la paire intriquée peuvent être mélangés – à la fois « haut » *et* « bas » – jusqu'au moment où quelqu'un mesurera le spin.

Lorsqu'une mesure oblige une particule à adopter un spin spécifique, elle détermine simultanément le spin de la seconde. Einstein détestait cela, parce que l'observation d'une particule semblait alors avoir la capacité de modifier l'état d'une autre, quelle que soit la distance qui les sépare (voir « Pouvons-nous changer l'Univers d'un simple regard ? »). Mais plus rien n'est étrange si l'on considère que les spins quantiques d'une paire de particules intriquées ne peuvent transporter qu'une quantité limitée d'information.

La version quantique de la théorie de l'information, en effet, précise qu'une paire intriquée ne peut transporter que deux bits d'information. Si ces deux bits encodent quelque chose comme « les spins sont les mêmes s'ils sont mesurés dans la dimension X » et « les spins sont opposés s'ils sont mesurés dans la dimension Y », une description des états des spins pour les deux particules existe, mais elle ne laisse plus de place pour des informations sur le spin d'une particule individuellement.

La première mesure semble ainsi donner un résultat aléatoire, et pourtant, le résultat d'une deuxième mesure pourra être prédit avec une précision parfaite. Si l'on a l'illusion d'un transfert d'information « étrange » entre les deux particules, c'est tout simplement parce que la première mesure peut fournir davantage d'informations. Étant donné le premier résultat et la nature du lien entre les spins, le second spin de particule peut être déduit par simple logique.

Les mécaniciens quantiques commencent à considérer l'information comme la clé pour appréhender leur discipline, même s'ils n'ont pas encore beaucoup d'explications sur son fonctionnement. En tout état de cause, il serait cohérent que l'information soit à la source de la théorie quantique. Nous vivons dans ce que l'on a surnommé l'« âge de l'information », où les fibres optiques et les transmissions par satellite transportent l'information à une vitesse et une intensité époustouflantes. Toutes ces technologies fonctionnent grâce à notre compréhension du monde quantique – le laser et la puce électronique en sont tous deux des retombées. Il est donc légitime que la dernière question de la physique relie la théorie de l'information et la théorie quantique.

Des sceptiques raffinés

Pour conclure, où en sommes-nous dans la quête de la nature ultime de la réalité ? Si nous pouvons décrire toute entité réelle par « il » ou « elle », c'est qu'en définitive, il s'agit d'une information – voire de plusieurs. Parce que, comme le résumait le physicien John Archibald Wheeler, « tout est information ». En 1990, il déclara : « Demain nous serons capables de comprendre et d'exprimer toute la physique dans le langage de l'information. » Un « demain » qui se fait attendre, mais dont nous distinguons peut-être enfin l'horizon.

« Demain, nous serons capables de comprendre et d'exprimer toute la physique dans le langage de l'information. »

JOHN ARCHIBALD WHEELER

Il nous est impossible de savoir où nous en sommes dans la recherche de la nature véritable de la réalité. Au cours de ce siècle, notre quête de la réalité nous a conduits du royaume de l'atome au monde subatomique et jusqu'aux fluctuations énergétiques en jeu dans l'élaboration de l'espace et du temps. Il semble que la nature fondamentale de la réalité soit encore plus éloignée, dans des notions abstraites de mathématiques et d'information. Serait-ce la fin du voyage ?

Les physiciens sont douloureusement conscients que toutes leurs conjectures pourraient être à des années-lumière de la vérité. Ils œuvrent dans les limites actuelles des connaissances et de l'imagination humaine. À mesure que nous avançons, ces limites semblent reculer, mais sans jamais s'évanouir. Si la fin de la physique semble aujourd'hui à l'horizon, n'oublions pas que ce fut aussi le cas dans le passé. Il serait orgueilleux de penser que seules quelques enjambées nous séparent de la réalité dans ce qu'elle a de plus fondamental. Les physiciens ont encore une bonne distance à parcourir. Mais si le voyage se révèle aussi fascinant, on ne peut que s'en réjouir.

GLOSSAIRE

Accélérateur de particules : dispositif utilisé pour provoquer des collisions de particules subatomiques entre elles. L'analyse des résidus fournit des indices sur les constituants fondamentaux de la matière.

Antimatière : c'est la « rivale » de la matière, chaque particule de matière possédant sa contrepartie sous forme d'une antiparticule. Lorsqu'une particule et son antiparticule entrent en collision, elles s'annihilent.

Big Bang : instant, il y a environ 14 milliards d'années, où l'Univers est né.

Boson : particule dont le nombre quantique de « spin » est un entier. Les bosons sont les vecteurs des forces fondamentales (voir tableau p. 211).

Boson de Higgs : particule hypothétique supposée être le vecteur du champ de Higgs, à l'origine de certains types de masse.

Chromodynamique quantique ou QCD (Quantum ChromoDynamics) : théorie qui décrit les interactions entre les quarks et les gluons en physique nucléaire.

Compactification : processus par lequel les dimensions « supplémentaires » postulées par de nombreuses théories modernes de la physique demeurent indétectables.

Courbe fermée de genre temps : région de l'espace-temps qui, si nous la traversons, nous ramène au même instant initial du temps.

Dilatation du temps : prédiction de la relativité restreinte, confirmée par les expériences, qui stipule que l'écoulement du temps est altéré par le mouvement relatif ou par la présence d'un champ gravitationnel.

Dimensions supplémentaires cachées : certaines théories suggèrent qu'il existe plus de dimensions spatiales que celles qui nous sont familières (haut-bas, droite-gauche, avant-arrière).

Électrodynamique quantique : théorie qui décrit l'interaction de la force électromagnétique avec la matière.

Électron : particule subatomique censée porter l'unité fondamentale de la charge électrique.

Énergie cinétique : énergie associée au mouvement.

Énergie du vide : énergie inhérente à l'espace-temps entièrement vide. Elle est due au principe d'incertitude de Heisenberg, qui ne permet pas à l'espace-temps d'avoir une énergie nulle pendant une durée quelconque finie.

Énergie potentielle : énergie que contient un objet, et qui est due à sa position dans un champ (généralement gravitationnel ou électrique).

Énergie sombre (ou noire) : forme mystérieuse de l'énergie que de nombreux physiciens soupçonnent être à l'origine de l'accélération de l'expansion de l'Univers.

Entropie : mesure du désordre dans un système physique. L'entropie d'un système isolé croît toujours.

Équation de Schrödinger : équation utilisée pour définir comment la matière se comporte aux échelles subatomiques.

Équations de Maxwell : équations énoncées par James Clerk Maxwell qui définissent comment les champs électrique et magnétique se comportent et interagissent.

Espace-temps : tissu quadridimensionnel de l'Univers. On appelle « événement » tout point de l'espace-temps : il correspond à un lieu et un instant particuliers.

Éther : fluide hypothétique qui aurait rempli l'Univers et aurait servi de support aux ondes électromagnétiques, comme la lumière. Son existence a été invalidée en 1887.

Expérience de la double fente : montage expérimental inventé pour prouver la nature ondulatoire de la lumière. Elle a aussi été utilisée pour montrer que les particules quantiques possèdent des caractéristiques similaires aux ondes.

Fermion : particule de matière dont le spin quantique est la moitié d'un nombre entier, par exemple l'électron.

Force électromagnétique : force à l'origine de l'attraction ou de la répulsion entre deux particules dotées d'une charge électrique, en fonction du signe de leur charge.

Force (nucléaire) faible : force de courte portée qui agit sur toutes les particules de matière. Elle est notamment responsable de certaines formes de radioactivité.

Force (nucléaire) forte : force de courte portée qui lie les quarks entre eux dans les protons et les neutrons, et qui surmonte la répulsion des protons (de charge positive) pour maintenir le noyau atomique dans un état stable.

Forces fondamentales : elles sont au nombre de quatre dans la nature : la forte, l'électromagnétique, la faible et la gravitation (voir tableau p. 211).

Fractale : géométrie qui paraît identique quelle que soit l'échelle à laquelle on l'observe.

Gaz : fluide composé de particules qui sont très faiblement attirées les unes vers les autres.

Géodynamo : champ magnétique engendré par les turbulences de la boule de fer liquéfiée et visqueuse se trouvant dans le noyau interne de la Terre, et qui s'auto-entretient.

Gluon : particule vecteur de la force nucléaire forte.

Gravitation : force attractive qui agit entre des particules dotées d'une masse ou d'énergie.

Gravité quantique : théorie qui unifiera la mécanique quantique et la relativité pour produire une description complète du comportement des objets, des échelles les plus petites aux plus grandes. La théorie des cordes représente une tentative de construire une théorie de la gravité quantique.

Inflation : période d'expansion ultrarapide que l'Univers aurait traversée juste après le Big Bang.

Interaction électrofaible : force supposée avoir existé dans les conditions brûlantes de l'Univers primordial ; elle a donné naissance aux forces électromagnétique et faible.

Interférence : phénomène ondulatoire où deux ondes interagissent, produisant une onde dont les propriétés dépendent de la taille et de la phase relative des ondes initiales.

Intrication : phénomène qui se produit lorsque deux particules quantiques interagissent. Elles deviennent solidaires, et l'information concernant les deux particules réside dans chacune d'elles.

Isotope : chacune des formes que peut prendre un atome selon le nombre de neutrons de son noyau. Le nombre de protons, lui, est le même quel que soit l'isotope.

Liquide : état de la matière où certaines forces attractives agissent entre les particules, et où celles-ci ne peuvent être séparées qu'en introduisant de l'énergie.

Loi en l'inverse du carré : elle stipule que l'attraction entre deux objets qui s'éloignent l'un de l'autre diminue d'une quantité proportionnelle au carré de la distance qui les sépare.

Machine à mouvement perpétuel : machine hypothétique qui pourrait produire un travail utile sans aucun apport d'énergie.

Magnétosphère : champ magnétique enveloppant la Terre.

Masse : propriété d'un objet qui lui confère une résistance à l'accélération (masse inertielle) ou lui permet d'engendrer une force gravitationnelle et d'y réagir (masse gravitationnelle). Les physiciens n'ont pas encore démontré que ces deux types de masse sont équivalents.

Matière sombre (ou noire) : matière hypothétique qui constituerait à peu près un quart de la quantité de masse/énergie de l'Univers. Elle est diffuse dans tout l'Univers, mais se concentre dans les halos des galaxies et amas de galaxies.

Modèle standard : théorie de la physique qui décrit les propriétés de toutes les particules connues et leurs interactions.

Multivers : Univers constitué d'une myriade d'Univers plus petits, généralement sans connexions permettant de passer de l'un à l'autre.

Neutron : particule de charge électrique neutre composée de trois quarks.

Noyau : cœur de l'atome, où se concentre presque toute sa masse.

Photon : particule de lumière ou de toute autre énergie électromagnétique.

Principe anthropique : la considération qui vise à se demander pourquoi l'Univers est tel que nous l'observons est vide de sens car nous ne pourrions pas exister dans un Univers substantiellement différent du nôtre.

Principe d'incertitude de Heisenberg : pour n'importe quel système ou particule quantique, cette loi impose une limite sur la précision de notre connaissance de la valeur de certaines combinaisons de propriétés.

Proton : particule de charge positive composée de trois quarks.

Quantité de mouvement : produit de la masse par la vitesse d'une particule.

Quantum : à l'origine, unité fondamentale de l'énergie, mais qui s'applique dorénavant, en physique subatomique, à toute quantité indivisible d'une grandeur, comme la charge de l'électron.

Quark : particule subatomique se trouvant dans le noyau de l'atome. Les protons et les neutrons sont tous les deux composés de trois quarks.

Rayonnement alpha : forme de rayonnement non pénétrant mais potentiellement dangereux. Une particule alpha est identique au noyau d'hélium : elle contient deux protons et deux neutrons.

Rayonnement bêta : rayonnement de haute énergie constitué d'électrons ou de leurs antiparticules (positrons). Facilement stoppé par une fine feuille métallique, il est généré par des processus nucléaires qui font appel à la force faible.

Rayonnement de fond diffus cosmologique : rayonnement libéré environ 300 000 ans après le Big Bang. Il contient de nombreux indices sur la nature de l'Univers primordial.

Rayonnement gamma : rayonnement très pénétrant qui résulte de l'émission de photons de haute énergie (les rayons gamma) lors de réactions nucléaires.

Relativité générale : théorie d'Albert Einstein dans laquelle la masse et l'énergie déforment l'espace et le temps.

Relativité restreinte : théorie de 1905 d'Einstein dans laquelle les lois de la physique doivent être identiques pour tous les observateurs, quelle que soit la manière dont ils se déplacent dans l'espace et le temps.

Solide : état de la matière dans lequel les particules sont fortement soudées entre elles pour former une structure rigide.

Spin : propriété fondamentale intrinsèque d'une particule élémentaire, souvent décrite de manière imagée par son mouvement de rotation sur elle-même.

Superfluide : fluide qui ne montre aucun frottement. Le mouvement d'un superfluide que l'on agite se poursuit indéfiniment.

Supersymétrie : théorie qui attribue aux particules connues un « superpartenaire » hypothétique plus lourd, et qui définit une relation entre leurs spins quantiques. Elle joue un rôle important dans les tentatives d'unification de toutes les forces de la nature.

Supraconducteur : matériau qui n'offre aucune résistance à la circulation du courant électrique.

Théorie des cordes : description du monde subatomique où les particules et les forces sont représentées par des oscillations de cordes et de boucles d'énergie.

Théorie des mondes multiples : idée proposée par Hugh Everett III, où chaque événement quantique crée un nouvel Univers distinct du précédent. Seules les particules quantiques sont capables de ressentir l'existence de ces autres mondes.

Théories de grande unification (ou GUT pour Grand Unified Theories) : elles essaient de décrire comment, dans les conditions qui régnaient dans l'Univers primordial, les forces forte, faible et électromagnétique n'en formaient alors qu'une seule.

Thermodynamique : étude du processus qui conduit l'énergie à créer de la chaleur, du travail et de l'entropie dans un système physique.

Trou de ver : raccourci hypothétique dans l'espace-temps qui pourrait être utilisé pour voyager dans le temps.

Trou noir : anomalie de l'espace-temps où la gravitation est si intense que rien (pas même la lumière) ne peut s'en échapper. Les trous noirs se forment souvent lorsqu'une étoile géante s'effondre sous l'effet de sa propre gravité.

Vent solaire : bouffées de particules chargées qui sont éjectées de la surface du Soleil. Le vent solaire est responsable des aurores polaires (boréales dans l'hémisphère Nord, australes dans l'hémisphère Sud).

Zéro absolu : -273 degrés Celsius, température à laquelle une substance ne contient plus d'énergie thermique résiduelle.

Les particules fondamentales de la matière

Les quarks Briques de base de la matière, ils sont liés par la force forte. 3 quarks forment un nucléon : 1 haut et 2 bas pour un neutron ; 1 bas et 2 haut pour un proton. Les quarks haut et bas sont stables ; les 4 autres ont une durée de vie brève et se désintègrent rapidement en quarks haut et bas. Ce sont les seules particules qui ressentent les 4 forces de la nature.	**haut, bas**	**charmé, étrange**		**top, beau**
Les leptons Ils interagissent avec les photons via l'interaction faible. Seul l'électron est stable ; le muon et le tau n'existent que pendant d'infimes fractions de seconde. Les neutrinos, produits lors de réactions nucléaires et de désintégration radioactive bêta, ont une masse très faible et voyagent presque à la vitesse de la lumière.	**neutrino électronique, électron**	**neutrino muonique, muon**		**neutrino tauique, tau**
Les bosons de jauge (force) Ils transmettent les forces. Alors que le photon et le gluon sont sans masse, on pense que la petite masse des bosons W et Z se manifeste à travers l'interaction avec le champ de Higgs.	**photon** (électromagnétique)	**gluon** (forte)	**boson Z** (faible)	**boson W** (faible)

Les quatre forces

FORCE	DESCRIPTION	INTENSITÉ RELATIVE	PORTÉE (m)	PARTICULES VECTEURS
Forte	Maintient la stabilité du noyau	1	10^{-15}	Gluon
Électromagnétique	Attire ou repousse les particules électriquement chargées	1/137	Infinie	Photon
Faible	Produit le rayonnement bêta	10^{-6}	10^{-18}	Bosons W et Z
Gravitation	Attire tout ce qui possède une masse/énergie	10^{-39}	Infinie	Graviton (hypothétique)

INDEX

J

K

L

M

N

O

P

ÉDITION ORIGINALE

Titre original : *The Big Questions – Physics* publié par Quercus Publishing PLC (UK)

Conception graphique : Patrick Nugent
Toutes les illustrations sont de Patrick Nugent sauf p. 143, Cepheus et p. 163, Jbourjai.

ÉDITION FRANÇAISE
Traduction : Benoît Clenet et Svetlana Tamitegama
Révision texte : Denis Cachon

ISBN : 978-2-7533-0130-6
N° d'édition : 1103/01
Dépôt légal : mai 2011

Imprimé en Chine